中国高等院校艺术设计专业教材

图形语言

翁炳峰 王振强 著

海峡出版发行集团 THE STRAITS PUBLISHING & DISTRIBUTING GROUP | 福建美术出版社 FUJIAN FINE ARTS PUBLISHING HOUSE

图书在版编目（CIP）数据

图形语言 / 翁炳峰，王振强著．— 福州 ： 福建美术出版社，2011.4
ISBN 978-7-5393-2492-0

Ⅰ．①图… Ⅱ．①翁… ②王… Ⅲ．①图形语言 Ⅳ．①TP312

中国版本图书馆CIP数据核字（2011）第061085号

图形语言

作　　者：翁炳峰　王振强
责任编辑：陈　艳
出版发行：海峡出版发行集团
　　　　　福建美术出版社
社　　址：福州市东水路76号
邮　　编：350001
服务热线：0591-87620820（发行部）0591-87533718（总编办）
经　　销：福建新华发行集团有限责任公司
印　　刷：福建省金盾彩色印刷有限公司
开　　本：635×965mm　1/8
印　　张：12
版　　次：2011年5月第1版
印　　次：2011年5月第1版第1次印刷
印　　数：5000
书　　号：ISBN 978-7-5393-2492-0
定　　价：48.00

目录

序

刘伟冬

南京艺术学院副院长，艺术史教授，博士生导师
《美术与设计》主编
教育部艺术教学指导委员会委员
教育部艺术专业学位研究生教育指导委员会委员

语言的发明和创造是人类进化的必然结果。语言不仅是人类思想、观念和情感的载体，也是表达和传播思想、观念和情感的重要工具。但由于人类在进化过程中存在着各种差异，最终也导致了不同语言体系的形成，进而也造成了人类交流的障碍。但事物总是一分为二的，这里的障碍就是一种多样性体现。在我看来人类语言的多样性要比同一性更利于其自身的进化和发展，任何事物的多样性，包括思想、自然和环境要比同一性更富有意义，更何况语言的障碍并非不可逾越。其实，人类在进化过程中，还发明和创造了另一种语言——图形，这更是一种多样性的体现。事实上，许多文字在发明之初就具有图形的特征，比如埃及的古文字就是一种最为典型的象形文字。但文字在发展过程中的抽象化和字母化使图形的特征渐渐隐化了或消失了，语言的纯粹性在很大程度上倒使图形作为另一种语言的作用和意义更加凸显了，形成了我们今天所说的图形语言。相对于纯粹的语言，图形语言有着它强大的优势。它生动、鲜活、形象、直观、易懂，很少受区域和民族差异性的影响，具有广阔的交流和传播平台，尤其在我们今天这个读图的时代。我始终认为艺术与科学、哲学、宗教一样，都是认识、理解和表达自然世界和人类社会的重要方式和途径。而艺术的认识、理解和表达在很大程度上就是图形的表达。当然，图形语言也是有着区域性和民族性特征的。在时间上还有古代和现代的不同属性，其元素的来源和构成更是五彩缤纷，既有自然形态的，也有主观构成的等等，不一而足。如何运用图形语言更好地为我们今天的社会发展，文化繁荣和提高人民生活水平服务既是一个现实有意义的工作，又是一项充满挑战的课题。翁炳峰教授长期从事艺术设计的教学和科研工作，他思想活跃，视野开拓，著作颇丰，具有很强的创新意识和表达能力。他强调形式和观念的互为条件和互为因果，把图形语言作为一个实验课题，导入到课程教学之中，从形态认识到形式分析再到创意表达形成了一个较为完整的教学理念和结构，我相信学生通过这样的课程训练一定能够在图形语言的思维和表达等方面获得长足的进步，而这部教材的出版对这门课程的推广也将起到积极的作用。

是为序。

概述

自然世界的认识或经验的体现。是现代社会人与人之间相互交流与沟通的重要视觉语言形式，与文字语言相比，图形语言更形象。

一、图形

“图形”在英文中为“graphic”，源自拉丁文“graphicus”和希腊“graphikas”是指书、画、刻印的作品，或说明性图画。“graphic”含有印刷的含义，指一种可以通过印刷及种种媒体大量复制和广泛传播的，用以传达信息、思想和观念的视觉形式。

“图形”是伴随着市场对视觉艺术的需求，设计师采用不同的表现形式与表现手段，追求图形的原创性来增强图形视觉冲击力，形成对图形概念的明确指向。著名设计理论家尹定邦教授在《论图形的产生》一文中指出“所谓图形，指的就是图而成形，正是这里所说的人为创造的形象”。很明显，图形的价值就是传达。

由此可见，视觉传达设计中的“图形”概念与信息传播有着密切的关系。英文“graphic”原概念明显有别于文字、美术作品等视觉形象，图形设计的主要功能是说明性图画形象，较之文字、美术作品更含蓄、更有意味，较之音乐更形

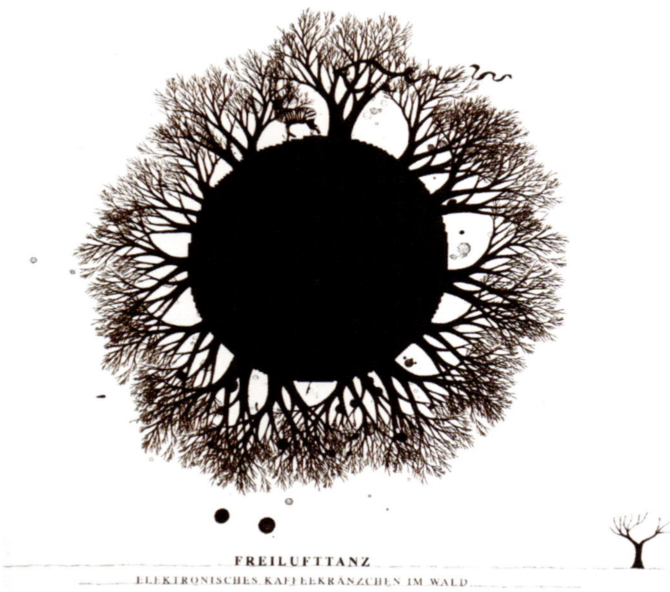

用剪影手法表达

用剪影手法表达

用隐形手法表达

象直观，更具现代感。由于图形是在设计思维统筹下的表现，其形式新颖独特，它明显区别于标记、标志、图案、装饰性绘画。它不是一种单纯的标识或符号记录，也不是以审美实用为目的的图案或装饰画，更不是画家情感宣泄以引起观赏者共鸣的美术作品。此外，图形与其他造型艺术也有区别，作为非文字的“图形”，它具有自己鲜明的表象特征。

图形是指所有能够用来产生视觉图像并转化为信息传达的视觉符号，是设计师应用各种技术手段，如绘、写、刻、印以及经高科技成像等处理，同时关注时代潮流、关注时尚、关注时代的审美标准，把握时代语言，表现现实生活中所见所闻，广泛传播达到传达设计师理念为最终设计目的。

用色彩归类手段表达

二、图形语言

“语言”是一种用来沟通交流的工具，一个国家或一个民族都有自己的语言。图形也是如此，也有其自己的语言，通常我们称之为“图形语言”。它从不同的视角、观察、认识表现方法入手，用点、线、面肌理的不同形态或具象或抽象作为基本元素，协调组织它们之间的大小、面积、空间、虚实、节奏、韵律等关系，这就是对图形语言的控制与要素的把握，这种组织协调准则即是图形语言的形式法则。

人类社会处处充斥着丰富多彩形态各异的图形，图形语言是我们对客观自然世界的认识或经验的体现，是现代社会人与人之间相互交流与沟通的重要视觉语言形式，与文字语言相比，图形语言更形象，更直观和更具体，也更具有世界意义。任何国家、民族通过图形语言的直观表达，相互间有了了解与沟通，思维也超越了国界、地域和民族，产生共鸣。

三、图形语言教学研究范畴

“图形语言”是艺术设计的基础，是研究如何学习与掌握图形语言规律的课程。从实际的教学情况出发，课程大致分为“自然形态分析与认识”、“形态与图形生成”、“图形语言创意表达”和“图形应用”四个部分，教学中每个部分可以分解操作，它们之间又是相互联系循序渐进的关系。

“自然形态分析与认识”是对物态细心观察、了解、分析、认识，在有感而发后借助不同工具、不同表现手段，通过“造物”、“造像”的形态练习与研究解决形态与图形的生成问题，培养学生对图形各种应变和创造能力，有利于拓展他们的表现形式与表现手段。

众所周知，一个“好”的图形除了具备表现形式与表现手段外，还必须具备好的创意和想法，若只有单一的创意而

无表现形式与表现手段，或只有表现形式与表现手段而无创意（想法），都会大大削弱了图形的视觉吸引力和生命力，“图形语言创意与表达”这一章节始终强调两者间的有机融合。

用中国画水墨手法表现

自然形态稍加创意处理，就赋予其艺术生命

灯泡经计算机处理的图形表现

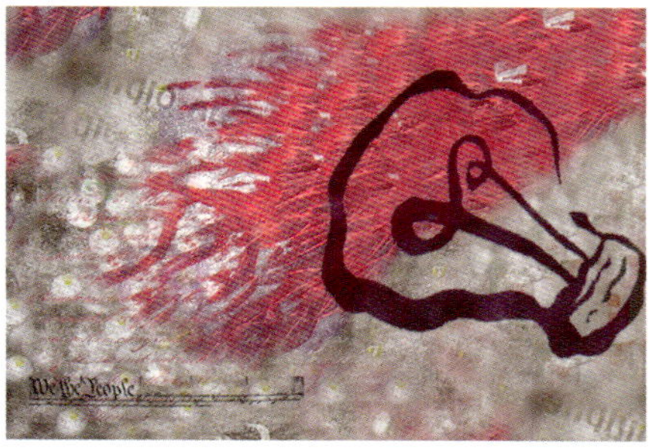

图形语言教学的前三个部分内容，分别由对自然形态分析、认识、解析、再认识到创意表达。是由“入门”到“创意表达”逐步提高的学习过程。其中还对图形个性化生成或对表达处理做理性分析，有利于学生自主个性的发挥，增强个性图形创造思考。作为图形语言教学不能只停留于图形创造与表现上，学习的目的应当是“学以致用”，落实到图形的应用上来，这是图形应用章节的课程学习目标所在。

本教材经过了几年教学实践，积累了一些较为典型的练习范例，仅供参考使用。在实际教学过程中大家可根据教学对象、课时量的情况，灵活调整、选择使用，应以学生学习效果为基本出发点。教师也可在此基础上开发设计新的练习，以丰富充实教学内容，提高图形语言课程的教学水平。

Perdriel

2001
ESCONDIDO

由葡萄酒瓶子美感产生的不同表达

HACEMOS PACKAGING. NO VENDEMOS PAQUETES.

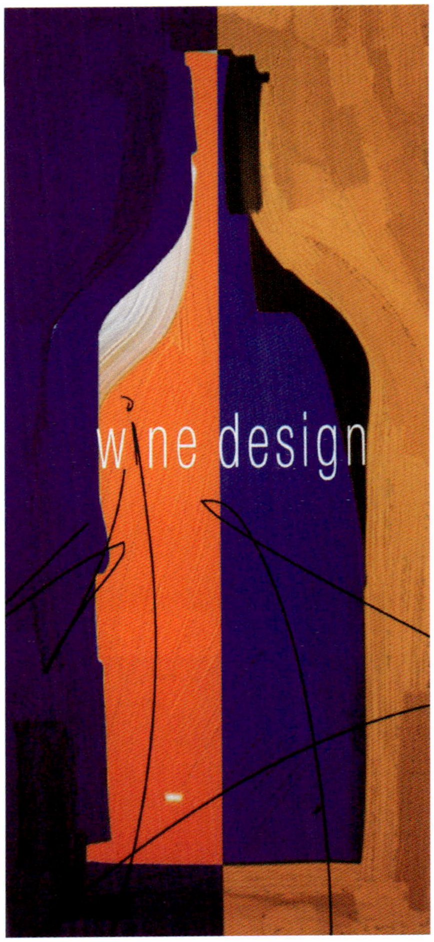
wine design

DIE WEINBEURTEILUNG BEGINNT MIT DEM AUGE. Das Estudio Iuvaro kann auf einen großen Erfahrungsschatz zurückgreifen, wenn es um das Designen von Weinflaschen geht. Das Erfolgsgeheimnis des Estudio Iuvaro ist dabei ein Produktansatz, der Professionalität und Emotion gleichermaßen mit einbezieht.
WINE APPRECIATION STARTS WITH THE EYE. Estudio Iuvaro has wide expertise in designing wine packaging. The secret of their success is a product approach that embraces professionalism

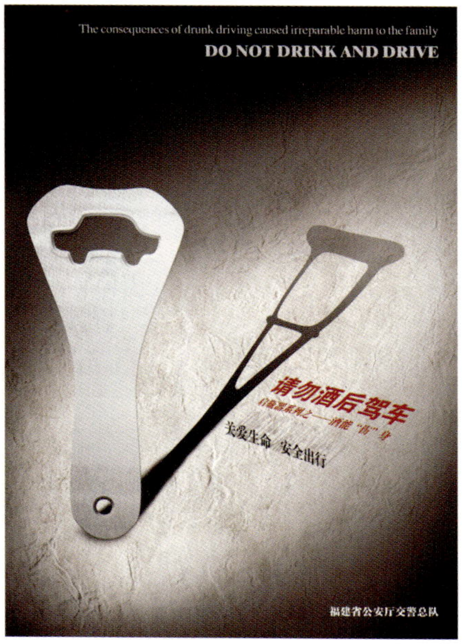

2010 年获中央文明办、公安部举办的“全国文明交通宣传作品”评选一等奖
作者：翁炯峰、陈捷

现了他对自然形态的研究。罗丹也说过：自然界包含着变幻无穷的风格，人们就生活在自然里，却对风格视而不见。师从自然是中国传统文化精髓所在，任何设计师更应当重视。

自然形态是普遍可见的现实，对自然形态的理解并掌握它们的生成原理和结构，是创造性设计活动不竭的源泉之一，是图形表达灵感激发的动力之一，是形成设计风格和语言形式的文本之一。对自然形态的分析，用多种超越自然的方式表现，意象或抽象形式呈现着异彩纷呈的态势，以期更集中更直观的图形语言表现，突出的是源于自然的形态美与形式美的表达。

四、自然形态分析与图形表达

“叶子总是叶面朝上，这样整个叶面更容易承受露水；植物叶子的排列原则是叶子之间尽可能不互相遮蔽。这样排列形成了开阔的空间，让阳光透过空气流通。由于叶子如此排列，因此，从第一片叶子滴下来的水珠有时候滴到第四片叶子，有时滴到第六片叶子上”（摘自达·芬奇《法兰西学院手稿》）西方文艺复兴时期，达·芬奇对自然形态精确的观察同他对普遍自然生命活力的意识相连接。达·芬奇有大量的研究草图和文稿表

花卉形态的图形表达

第一章
自然形态分析与图形认识

自然形态的观察与分析，师承自然研究自然，有助于提炼图形的基本形态要素，丰富设计者的视觉想象力，发现自然本质元素，增强解决图形语言的表达力。

一、自然形态观察与分析

自然形态是指一切可见的形态，包括了有生命、无生命的各种天然形态和人类造物形态。自然形态隐含着大量的视觉形式要素，如构图、对称、比例、平衡、节奏、韵律等各种图形构成规律，仍需要我们不断地面对自然加以领悟，从而归纳出丰富的形式构成法则，运用于图形设计中，避免只是简单的观察，认识或用简单的形式构成原理来设计。因为大自然呈现的是与统一性相对应的多样性，大到宇宙空间，小到一粒沙子或动植物的微观世界，都呈现出多样性的特征。现有的图形构成规律是前人对于自然形态研究的结果，若干法则无法概括丰富的自然生命，概念的形式法则使得设计呈现着千篇一律的面貌。只有细心观察分析自然界的不规则性，回归自然设计才能做得尽善尽美，而图形的差异性更是尊重自然本身存在的差异。

自然形态是视觉世界中最为普遍最为丰富的视觉图像源泉。从描摹仿照到逼真再现，从印象表达到主观挥写，从借形抒情到隐喻象征，从综合表象到形态再造，显示人类对自然认识与表现的发展过程，也体现了人类自身与自然的依托关系，自然形态在图形开发设计中的发展与应用也呈现了形态上的多样性。

对自然形态的观察与分析，有助于提炼图形的基本形态要素，丰富视觉的想象力与创造力，增强解决图形设计的能力，研究自然形态的目的是为了发现自然的本质元素，从而为图形表达增添丰富的语言形式。

2008 亚洲（台湾）陶艺双年展

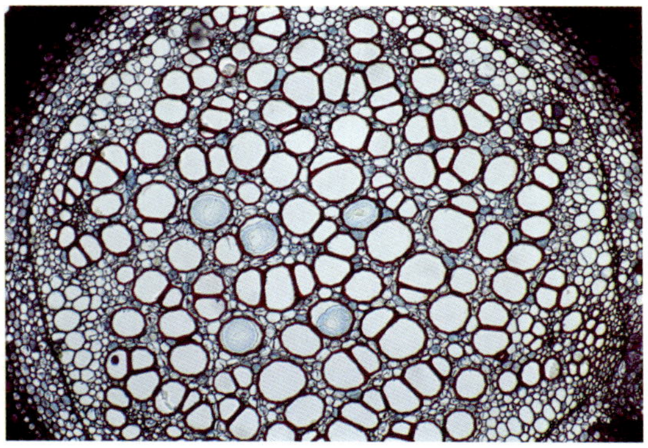

自然形态绘图形表现带来无尽的想象空间

李幸龙漆艺

大师们对自然形态的图形认识与表现

2010年上海世博会英国馆

作者：詹伟峰

二、自然形态认识的基本方式

对自然形态认识，有助于发现、挖掘视觉联想、想象空间，同时也提高图形内在质量。自然界形态的演化是通过一种内在的力量，加以组织和构架。光、热、水、重量和能量组成了生命的形式的进化力量，形态便是这种无形力量的演化的结果。一个物体本身由形体、结构、色彩、肌理与材质等元素构成，他们是组成形态的基本概念，这些元素在同类物体中基本统一或相似，而其中功能性的结构认识是一种科学分析的认识方式。功能是生物形态生成的重要因素，受自然优胜劣汰规则所至，功能发挥质量越高，形态进化得也就越完美，并处于优势地位。

自然界所有物体形态都受到地球引力等宇宙法则的影响，随着生态环境的变化，直接也影响着形态的演化，这是源自功能系统与自然生态环境相互作用、协调平衡的结果，同类物体自然就会在形态上产生差异。功能是分析结构的基本切入点，所有的生物，作为生命的自然形态，其结构与生命的运动性质有着密切的联系。运动相当于生物的吸纳功能，由于生命不断进化，与自然生态环境的作用，协调决定了结构的基本构造。

自然形态树枝与肢体图形想象空间表达

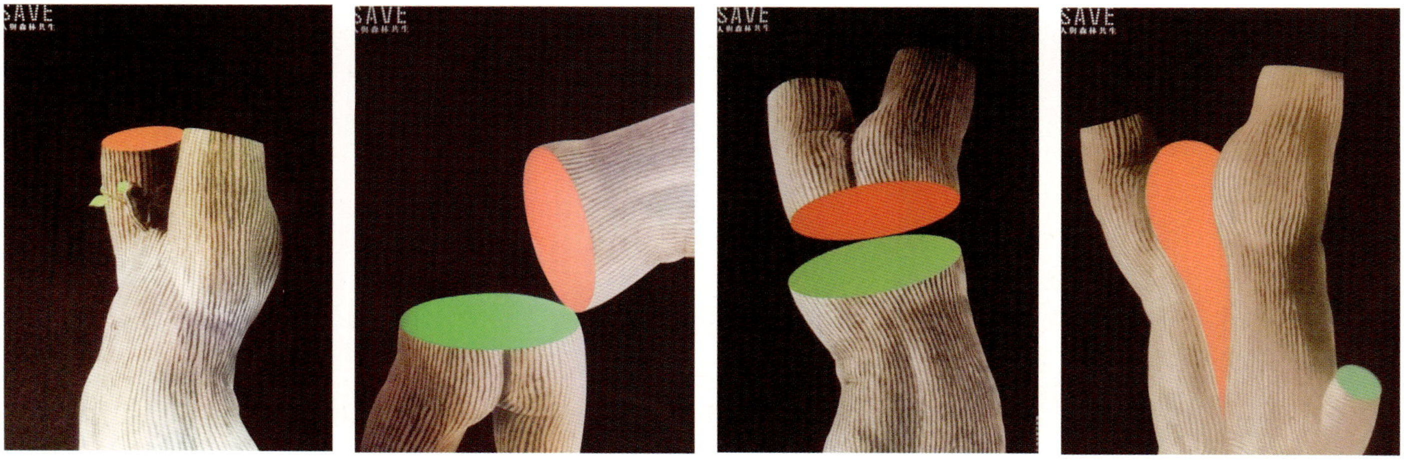

脸部的不同招贴图像表达

根据事物发展的观点，地球的生命发展随着生存环境的不断变化、变异与适应，促使生物自我调节，也预示着现在的形态结构远不是最终的结果。同样，人类的行为活动与自然界的生存方式是一样的，只有优良的生存环境才能导致生命形态的完美，反之只会导致各种生命形态的畸形怪态。

自然生存环境、宇宙间的万有引力作用，把控着自然形态在空间中生命的形体与动态特征。按物种结构划分，大致可分为以下几类分析：

①自然风光美景，引发人们美好遐想，借景抒怀，改变风景的自然结构，塑造人为的景观，并融入文化与精神的意义，体现人与自然的和谐，重构人类生存环境，改造自然环境。

②建筑，是人类生存环境和活动空间。建筑外观遵循仿生学设计，体现了人与自然的契合，材料结构成为设计师的设计语言。

③自然界脊椎动物，如飞禽走兽等，也包括我们人类，脊椎骨格、关节、肌肉延缩，紧紧围绕着生存活动展开。

④无脊椎动物，以独特的结构方式维系生命生长。如水母、菜虫等，都有着自己独特的生命系统和运动形式。

自然风光给予人们的无尽遐想，融入人文情怀，重构人与自然和谐环境。

自然形态结构维系生命存在的形式

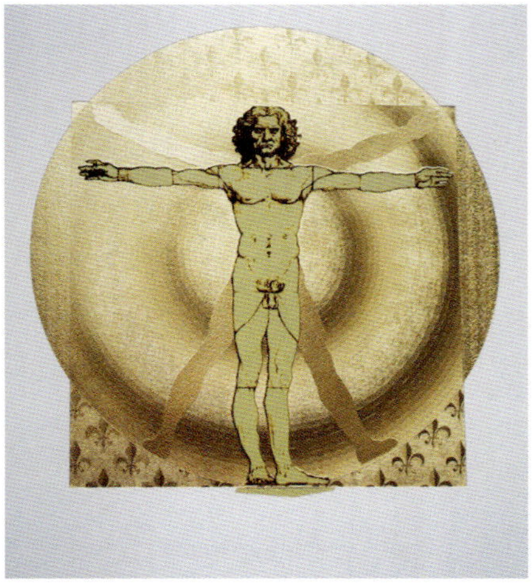

自然植物与建筑的联想，营造和谐科幻空间

⑤植物，由根、茎、叶、花、果实、种子构成的结构系统，体现了千姿百态、丰富多变的形态和异彩纷呈的迷人色调。自然赋予了丰富的美感，与其生命生长紧密相连。

⑥贝类的内外螺旋结构，体现双曲线韵律美。如，海螺、贝壳等的不同品种，其结构、比例丰富变化。

⑦无生命的物体也是自然的造物，结构奇形怪状、色彩、质地多样。包括了人工造物，器具和天然物体等。

⑧需借助高科技手段观察的微观世界，如用X光的衍射成像，显示细微的微观物质结构。同样存在奇妙无穷的美的规律。

上述只是自然形态的冰山一角。结构是我们认识自然形态的基本方式，它在设计中有着广泛的意义。犹如舞蹈家借助造型结构，肢体语言随着音乐跌宕起伏，表达抒情叙事和象征意义。图形设计借助构图、体块、肌理、结构等语言表达设计想法。设计只有对人类自身和宇宙生命结构的深刻认识，才能拥有宽阔的图形表达视野。

仿生学设计

自然形态千姿百态

由空间与平面的图形语言表达　　作者：赵清

三、结构与内部形态

结构是在外部形态包裹下隐蔽了的内部形态，通常不被我们所见，因此，以前对结构形态研究有所忽略。有些常见的内部形态虽然被我们所熟悉，具有特别的形式美感。通过研究内部结构形态，可以充实丰富我们的图形来源，也给图形语言表达提供更为广阔空间，同时，对更加完整地认识自然形态也是十分有利。

形态的内在层面、结构变化以及蕴含的形式要素，也许更具创造的因素，如，内部结构形体的线条、组织规律和表面肌理中引出的纹理图形，或结构运动的“动”之节奏、韵律关系等，或由内外整体中引出图形异变形态的重构，或物质表面的色彩、肌理又与内部完全不同。不同的思路、方法，对结构的认识与理解就会得出不同的图形形态。

自然形态内部结构同样异形纷呈

四、认识结构的另一有效途径——单元形

单元形是某些事物存在的基本结构，他又以一个相对独立的固定结构方式组合，构成一个整体的形态，如蜂窝的构造，我们用等角六边形组合的结构方式重新组织构成，便可得到全新的非自然新形象图形。

有的单元形局部结构与形态相对独立，这种单元形态常常是我们造型创造的重要的素材来源。如澳大利亚的悉尼歌剧院、公园的帆布结构、日本设计师福田繁雄的手草图设计。

有的单元形独具特色。以树木为例，同类的树木因其基本结构的相同，形态也十分相似，如梅花、桃花与樱花。不同类的树木基本结构也大致相似，均由根、树、枝叶构成，若深入观察会发现同一棵树叶的结构隐含了该树木的结构。不同的树木，树叶差距甚远，体现了各自的形态特征。正是这种差异经常被设计师视为重要的特征依据，如加拿大的枫叶，中国的梅花，日本的樱花，香港的紫荆花等，成为一个国家或地区的象征。

由蜂窝（六角形）结构启发的工业图形

由自然花卉象征的国家与地区的图形表达

球形切割与悉尼歌剧院建筑造型

平面与立体的图形表达

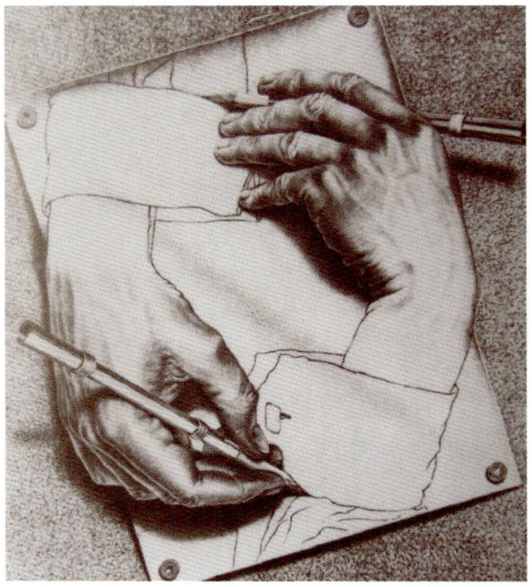

由人工形态延伸单元形结构与形态的图形语言表达

图形语言课程剖析事物的方式，是利用速写、素描（线描或光影）、色彩、摄影等不同视觉表现方法，来分析研究形态或形态之间的构造、肌理、色彩等关系，采用多种手段如单元形的不同排列或重构组合，突发产生灵感。

对结构形态单元形的认识分析，甚至分割解剖等方式，研究单元形结构与形态，从中可以获得形态分析的方法，探寻形态结构的构造，生成原理，感受自然形态的丰厚之美，培养学生对自然的敏锐观察力和分析经验，锻炼了对形式要素的感悟与提炼能力，最后达到对纯粹形态的图形语言的主动创造。

五、源自自然形态解析的启示

对自然形态分析是我们掌握图形的基本特征的前提，主动从自然形态分析中加深认识，有利于表现图形的本质，不断从自然形态中发现、拓展图形的创造的源泉。

公元前20世纪到公元前16世纪，西方学者在研究人体、植物、动物等各种生长结构中，就发现了他们个体中存在着奇妙的数字比例关系，即1∶1.618，这就是黄金比例。尝试通过对自然形态的分析，建立感性审美基础上的理性审美的科学性，由此来培养知其然又知其所以然的思维方式，增加了认知自然形态生命特征和各种视觉关系的能力。

黄金比例是一种对自然形态的理解方式，然而，在艺术表现上从来没有一定的规矩，这也是艺术美之所在。时代审美烙上社会人文的情怀，因此，对于比例有着极大的影响，如，同样是人像造型，北魏的瘦骨清像、唐代的丰腴造像、现代的均衡比例都与时代息息相关。

东西方文化审美比例的一致性

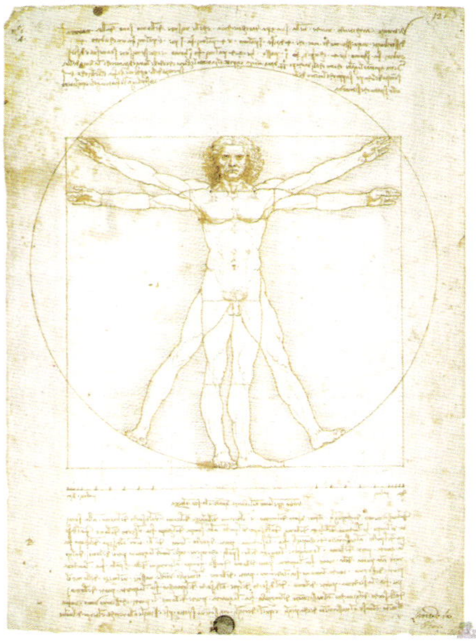

艺术家的审美取向借助于比例差异，造成风格不同，如，艺术大师蒙特里安受列逊马克“物质世界是由纵横两种结构组成，自然只有红、黄、蓝三原色”理论的影响，完全转向了纵横结构直线的抽象绘画。大师就是在这些等距离的比例网格中诠释了复杂多变的世界，他只通过非常简单的垂直、平行的线条以及三原色与极色作画，这完全可以联想到中国古代采用黑和白、直和断的阴阳符号和北京故宫多宫格的分割比例方式。

中西方艺术审美的相似性

美的比例源自设计者的艺术修养，并要勇于突破固有比例定势的能力，准确把握比例与审美的关系。

由海马身上侧扁、外被环状肋骨、呈七菱形得到启发，可将书放入肋骨形之间，便成为书架，或将环状肋骨形组成光盘架子，再则将环状肋骨条状密集分布变成吊篮使用。形态给我们强有力的形象联想，还可以由形态延伸出许多的适用功能所要的尺寸图形。

设计可以转换视角，不关注自然形态的整体性，把视角集中于形态的某一局部时，由此发展成“他物”图形，收获的便是图形多样化。如画家蒙特里安所描绘的教堂立面素描，则显示了另外一种解析方法，那就是用一种基于平衡感的几何语言分解表现物象所呈现出来的结构生长。又如霍尔戈·马蒂斯《天鹅湖》芭蕾舞剧招贴，将舞蹈演员的脚倒置，然后在芭蕾鞋上涂以天鹅的红色嘴部和黑色眼睛，局部改变图形，生动展现芭蕾舞剧《天鹅湖》的内涵。

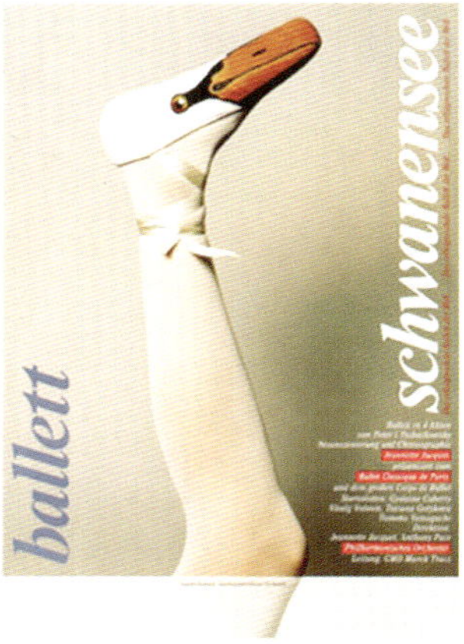

BAUMA 2007
28. INTERNATIONALE FACHMESSE
CAT
HALLE 5
STAND NR. 14
EINGANG > C
19.–25. APRIL 07
NEUE MESSE MUENCHEN

Eine mediale Rede von Thorsten Nolting
WEIL ICH
HÖRT MICH AN!
JESUS
BIN
in der Bergerkirche
DIAKONIE
Labor für Soziale und Ästhetische Entwicklung

MENTORING
PRO
GRAMM
WIE SICH
KARRIERE
UND FAMILIE
MITEINANDER
VERBINDEN
LASSEN
HAWK
INFORMATIONEN TERMINE

图形的不同表现语言

The art of contradicting oneself...
Live every day as if it were your last, is the motto of Bela Borsodi. And this photographer does indeed know how to depict seemingly everyday objects in such a way that we perceive them in an entirely different way – as if we were seeing them for the first time.

Die Kunst, sich zu widersprechen...
Lebe jeden Tag als wäre es dein erster, lautet das Motto von Bela Borsodi. Und der Fotograf versteht es in der Tat, selbst alltägliche Objekte so in Szene zu setzen, daß der Betrachter sie auf völlig neue Art und Weise wahrnimmt – ganz wie beim ersten Mal.

TEATR DRAMATYCZNY
Petr Zelenka
OPOWIEŚCI o ZWYCZAJNYM SZALEŃSTWIE
Krystyna Krauze
Agnieszka Glińska
Władysław Kowalski

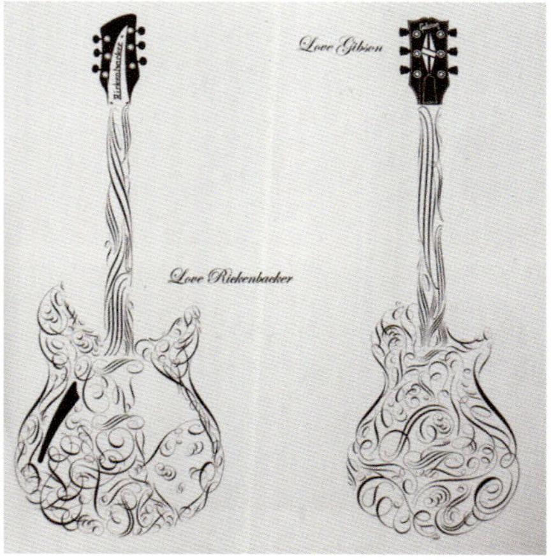
Love Gibson
Love Rickenbacker

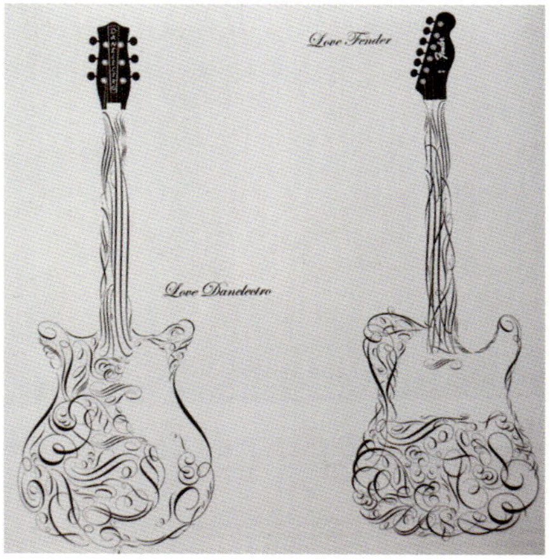
Love Fender
Love Danelectro

另外，不同于设计的结构比例分析，而依据画家的知觉和意识对图形语言的启示。一是借助空间与形的分析，二是借助知觉的自我表现，两者的基点都是建立在自然形态基础之上。如立体派画家毕加索对自然形态的多角度观察，基于再造是对自然形态整体本质的认识，把自然形态分割成块面，重新组合所需的新造型，形成了立体派的造型方式。同一时期的瑞士画家克利，则对自然形态的研究发展成对简约图示符号的表现。用直觉有意识地描绘具有幻想性质的主题，是个人的意识体验，将内心印象与外部世界的体验结合起来。类似的例子很多，如康定斯基、米罗的作品，都基于对自然形态广泛有趣的意象联想，兼有宏观与微观的幽默诙谐、天真烂漫的图形塑造。引发现实形态的联想和意味，往往带有更多个人独特的自然理解和体验，难以用一种规律性的方式加以推导。这种直观的而非理性对自然的感受，常常引发出非常规的艺术表现和设计，我们称之为直观审美判断能力，是设计师所应具备的启迪直觉能力。

用简约图示符号的图形表达

书籍装帧

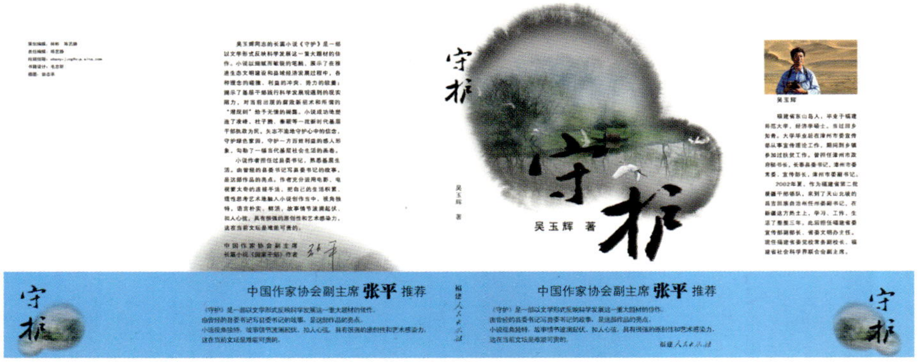

作者：杨静、赵雯婧

工业设计

作者：翁宜汐

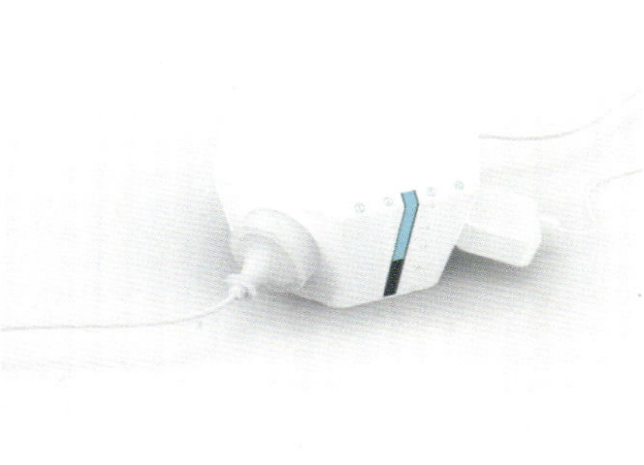

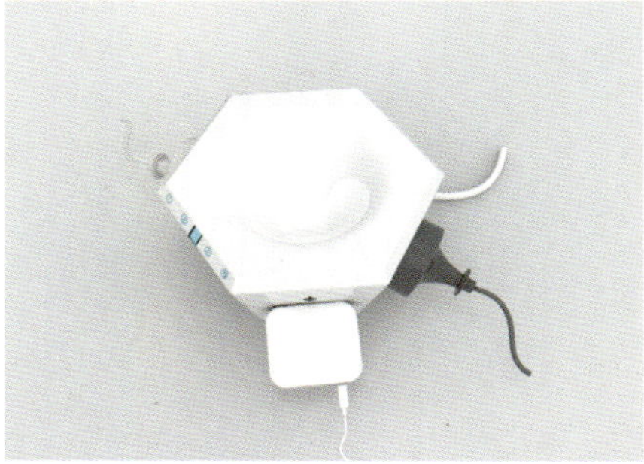

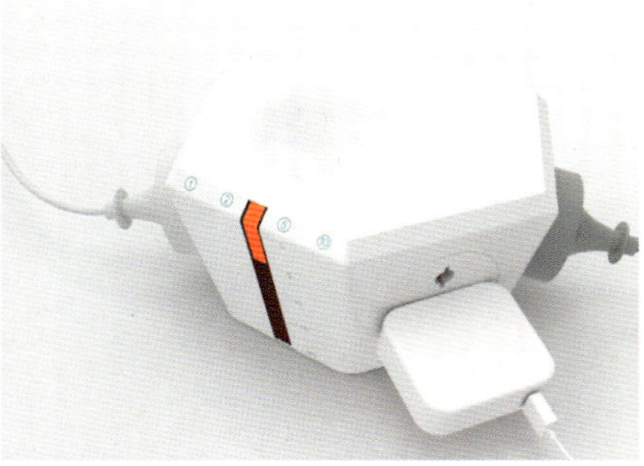

对艺术设计不同门类、不同风格的收集，提高学生视觉鉴赏水平

作者：翁炳峰、刘明星

六、学会发现与收集

假如我们稍加留意身边的自然形态，就会发现图形就在我们的生活中，只不过以不同的方式呈现罢了。这就要求我们去生活中发现图形，感受图形，收集与图形相关的资料。

从“视而不见”开始到“视而留意”，再到“见有所得”。图形可以从生活中、图书资料和网络上搜索获得，好的图形大家共同分享，同学间多开展图形交流活动。教师对学生收集的资料进行分析与评价，启发学生关注图形不同的表现形式与手段。关注图形应用的不同载体与场合，懂得对图形进行挑选、整理，归类的积累工作。建立个人的“图形资料库”。

资料收集通常以相机拍摄、速写记录或网上下载的方式进行收集。

标志

作者：翁炳峰

作者：翁宣汐

作者：翁炳峰　　作者：杨静　　作者：赵雯婧

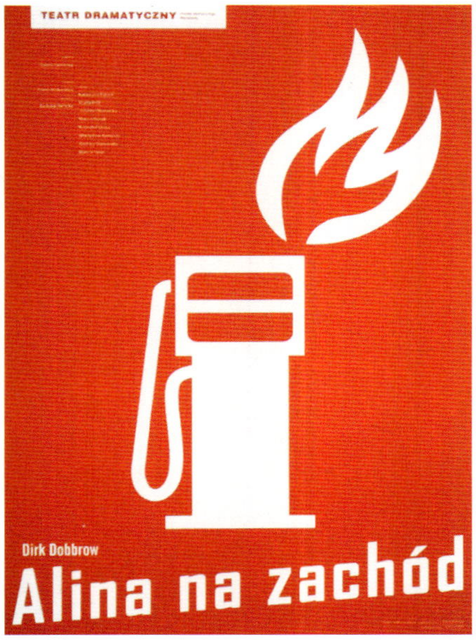

收集不同图形设计，广泛了解图形语言的不同表达

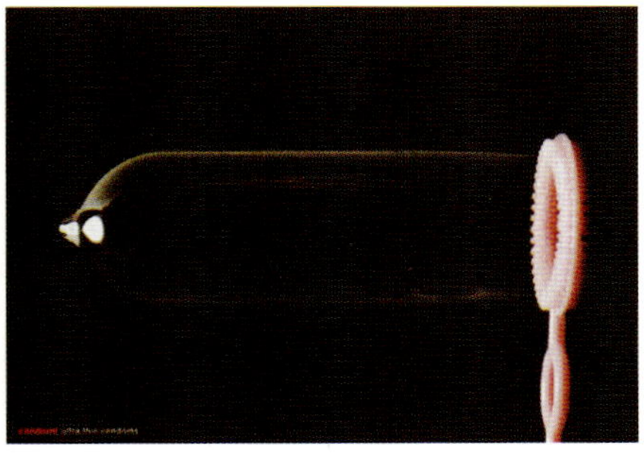

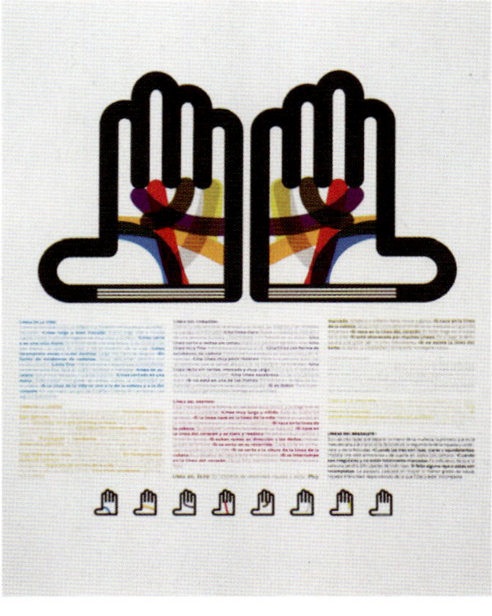

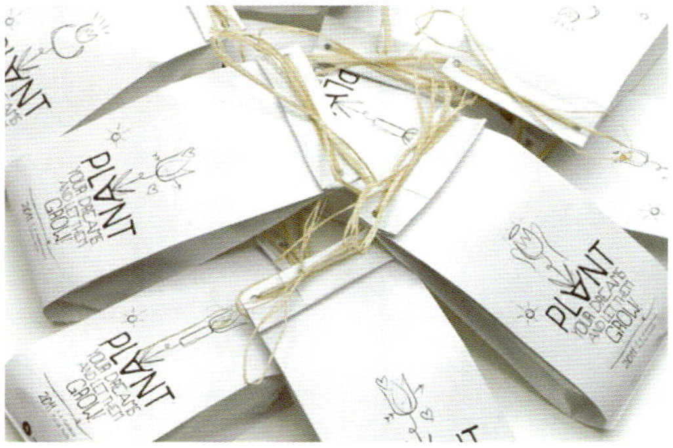

了解创意的包装设计，和不同的应用图形，有利于提高设计品味

造型形态材质搭配设计，体现设计者的艺术素养

第二章
图形与形式的解析

图形形式的解析是对结构认识和形象思维基础上，重新建立新秩序新造型的过程。学习应该注重不同工具使用过程的表现效果，懂得转换分析视角。在描绘自然形态和再造图形方面学会多种艺术处理手法，关注表现过程中的各种细节，学会从草图中寻求灵感并诱发奇想，摆脱常规图形，改变自然形态本身的形象，创造具有独具魅力的图形语言。

抓住“马灯”“水壶”“水龙头”等的造型特征，应用计算机进行自由、轻松的拓展，便成为“轻松”创作的精神所在。

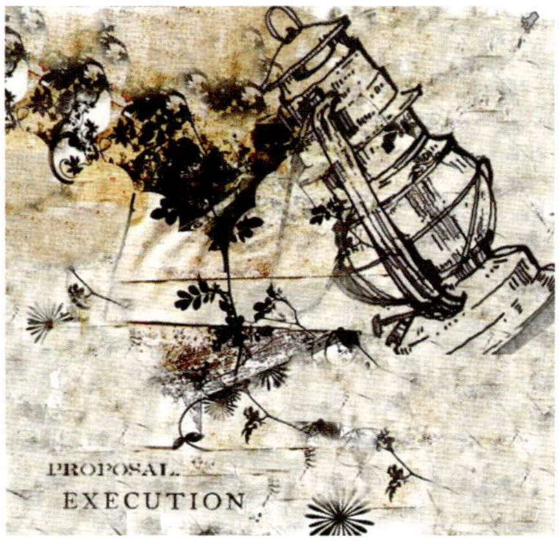

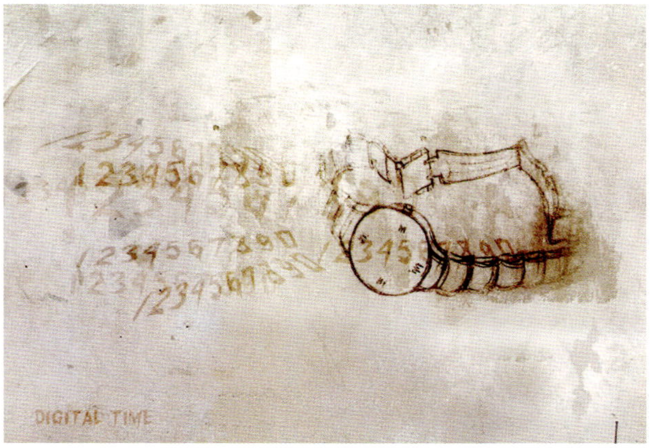

一、平面图形表达

1. 物体形态的选择、分析与认识

物体形态的选择是课程最为关键的第一步，因为课程的第二和第三章的练习是延续相互关联的，因此选择具体的物体形态，直接涉及最后完成作业的质量。

在物体形态选择上，首先应避免该物体造型过于简单。简单的几何形或共性太强的物体缺乏个性。其次共识性少，不为人们所认识的物体，对于深入研究图形可能性带来不利，并受一定的限制。

形态选择上应是大家常见的、易于识别的物体，或该形态有较强特征，容易被表现并有较强延伸发展空间。

我们希望一年级是“充满想象力”的一年，教学上多注重学生思维训练，让学生在选择物体形态问题上，有自主的空间，同时，又要兼顾到教学课程内容的正常贯彻。用两种选择途径，即“学生自选”和“老师给定”物体同步进行。

物体形态的选择十分重要，直接关系到最后作业的质量。

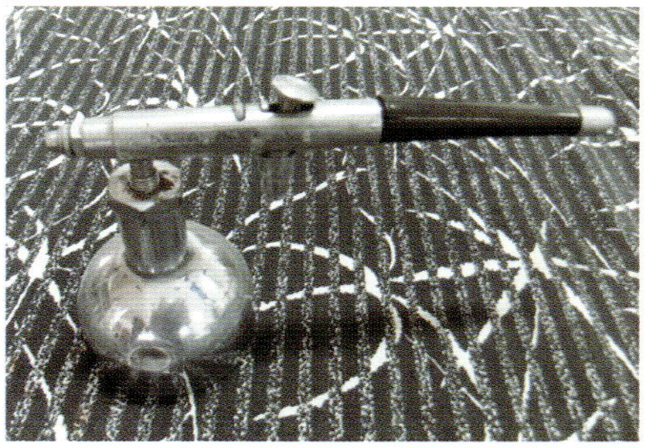

学生自选，是由学生根据各自日常生活中的喜好，认为有感受的物体。在选择过程中教师鼓励学生多观察日常生活中“视而不见”的物体，由此发现问题，锻炼独特的视角。在这一环节可以提早告知学生，让其有充分时间准备。

教师给定，是由教师根据教学进展过程不同阶段，预见延伸发展的最终作业，能串起环环相扣的特定物体，有利于图形语言典型例子的实现，避免盲目选择造成达不到教学目的，而影响教学过程的趣味与意义。

无论是“教师给定”还是“学生自选”，应把握选定的“物”体具有较强的特征，在作业的每一阶段，能预见其延伸发展的效果。

选定物体后，应用第一章所学的分析与认识方法，对物体形态进行深入观察分析。掌握物体形态特征的差异性，方显其独特性，关注可借助与发挥的物体形态局部细节，认识物体的本质特征，如形态、肌理、色彩以及与物体形态相关并能表现强化物体形态特质的要素，都得用心分析，并采用多样化的图形表达。

2. 写生、描绘、记录的图形表达

写生、描绘是对物体用“画”来记录，这一阶段可充分发挥学生自主表现欲，采用多种方法对物体形态进行图形表达。

写生、描绘是建立在对物体的各方面特征观察分析基础上的，是对物体形态进行实际描绘，不是在做表面文章，而是深入对物体的形态肌理、内部结构关系认识做到胸有成竹，方能自如表现。

选定“马灯”物体后，学生抓住其形态基本特征，用不同的手法进行表达，方法多种多样，有较强的表现力

练习 1

作业要求：学生选择自己最熟悉的手法写生对象，认真观察，深入认识对象。

作业数量：1 种物体，写生 5 小张 [集中在 1 张 A4 纸输出]。

建议课时：1 课时。

作业提示：学生可以运用自己熟悉的写生方法去表现对象，一般是用素描、白描的方式。

3. 初识工具与表达

图形效果与选用的工具、表现手法、参与时间、个人的情绪等对图形的艺术表现结果，都产生直接影响。为了引导学生运用不同的工具和表现手法来初识图形，教学上可安排不同形式的写生练习，鼓励学生大胆采用新的探索姿态去尝试表现，达到拓宽学生艺术表现域的目的。这是一种启发式的教学方法。

(1) 用同一工具不同的方法描绘物体训练。

如用铅笔以明暗、白描、速写、草图、铅粉浓淡等描绘物体，效果均不同，或用毛笔，利用水墨的浓淡变化描绘物体，同样也会达到预想不到的艺术效果。课程目的是为了让学生打破固有的写生思维，勇于尝试不同的表现手法，产生不同的图形语言。

选择一种工具采用不同的方法表达物体

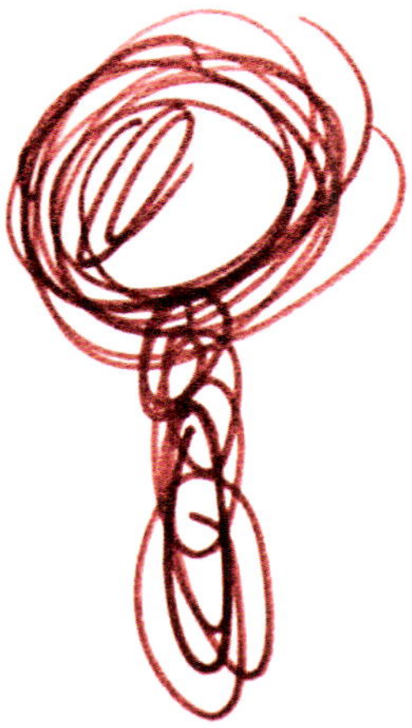

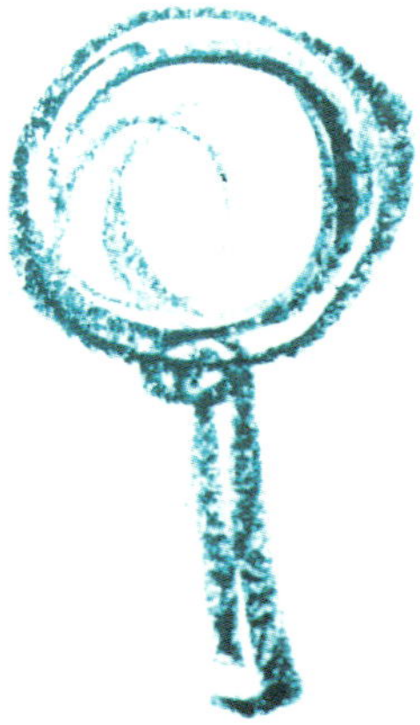

练习 2

作业要求：用同一工具，采用不同表现手法写生。要求捕捉对象的主要特征、形态关系，在给定不同时间内完成。

作业数量：5 小张 4 小张 [集中在 1 张 A4 纸输出]。

建议时间：15 分钟、10 分钟、5 分钟、2 分钟、1 分钟各一张。

作业提示：根据作业要求召集学生讲述在同一工具，给定的不同时间写生时，一张 15 分钟的写生与一张 1 分钟的写生的区别，要强调所表达的效果明显不同，要保持对写生对象的新鲜感，注重画面情趣的掌握，合理安排。

可尝试不同的手段作图。如观察物体后，记忆默写、口衔笔作图或左右手同时作图等，寻求整体画面的新颖、随意的效果。

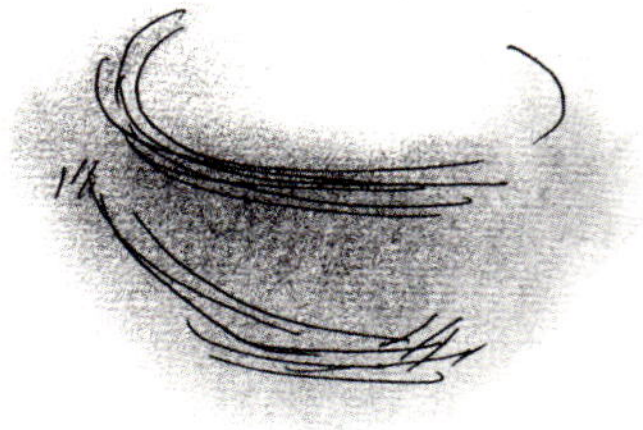

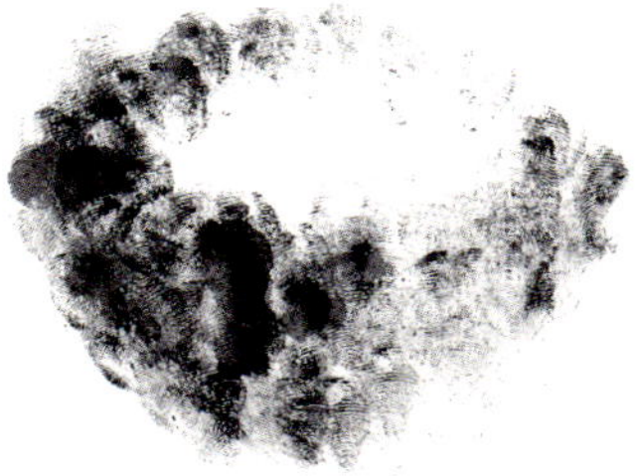

选用不同的工具、材料，对“碗”物体的不同手法表达

利用不同的工具、材料和表现手法。

当我们使用一种型号铅笔，于不同材质的纸面上写生，（如粗细不同的砂纸、特种纸等），就会得到不同的图形效果。

（2）同样用 4B 铅笔，用不同的表现手法写生时，效果也会不同。

选用 4B 铅笔工具，对“茶壶”物体的写生。不同的作图媒介不同的手法表现，带来不同的写生结果。

练习 3

作业要求：使用同一工具，尝试在不同材质的纸上写生描绘。

作画数量：5 张 [A4 纸]。

建议课时：每个练习 15 分钟。

作业提示：让学生懂得使用同一种工具，在不同的材质纸上作画，会产生不同的图形肌理效果，目的是为了开拓学生对不同材质的表现手段，打破使用材质的常规定势。

（3）当采用不同的工具如炭笔、毛笔、油画棒、粉笔或有色液体写生时，也会产生不同的图形效果。

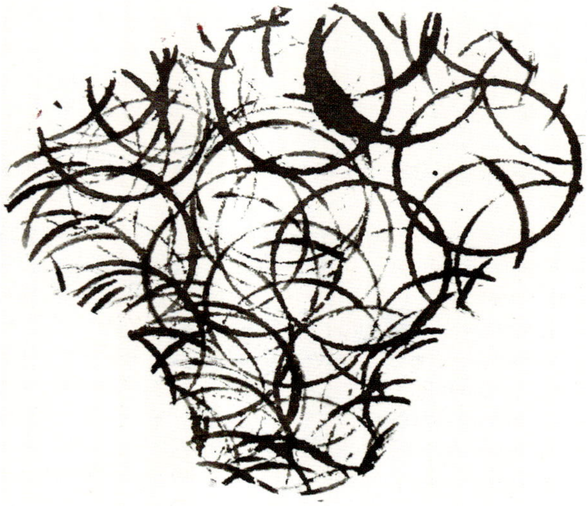

不同的写生工具、不同的作图媒介、不同的手法，都给表达带来不同的可能性。

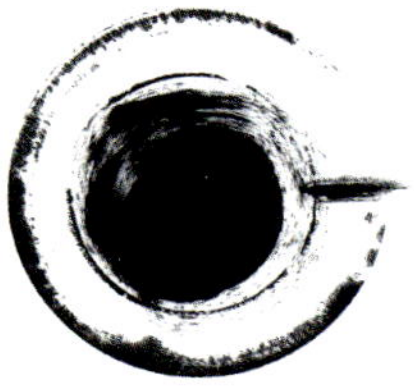

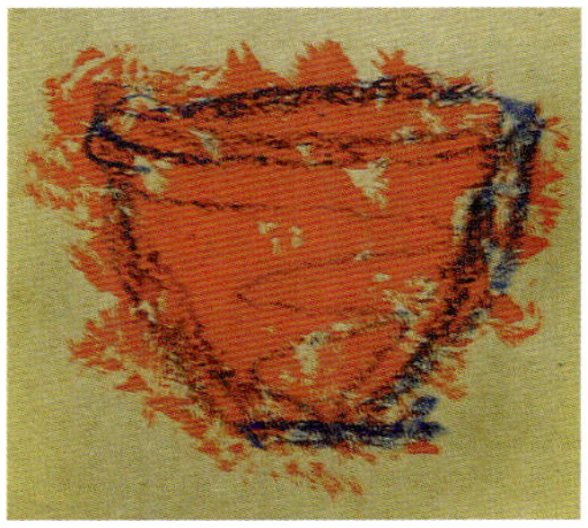

（4）当我们采取的身体姿势或参与的状况不同时，都会影响作画，并产生不同的图形效果。除以上几种，投入的时间、个人的情绪、视角构图等因素也会对图形效果产生影响，自然图也相应产生变化。

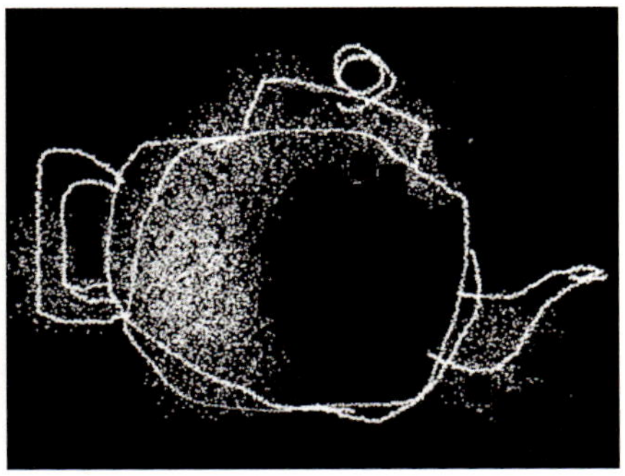

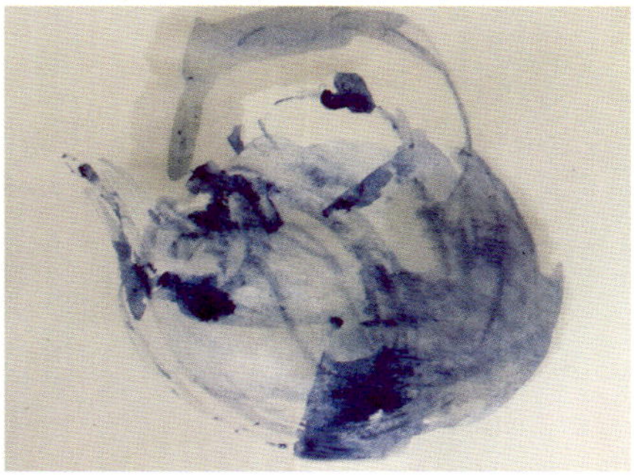

取不同的工具、不同的作图媒介、不同的情绪、不同的写生姿态、不同的观察方法和不同的表现手法，如局部入手，拓宽表现的范畴与思路。

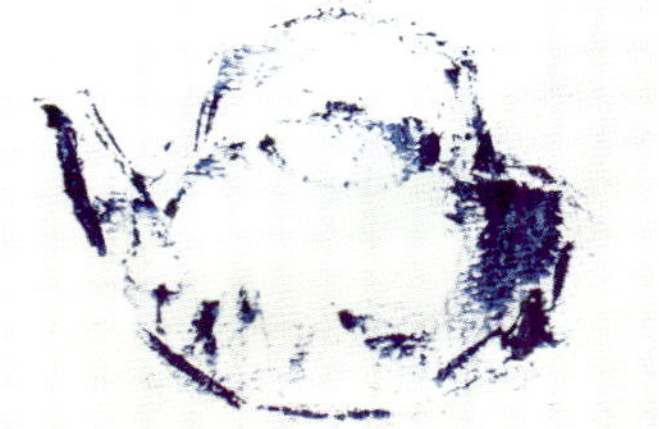

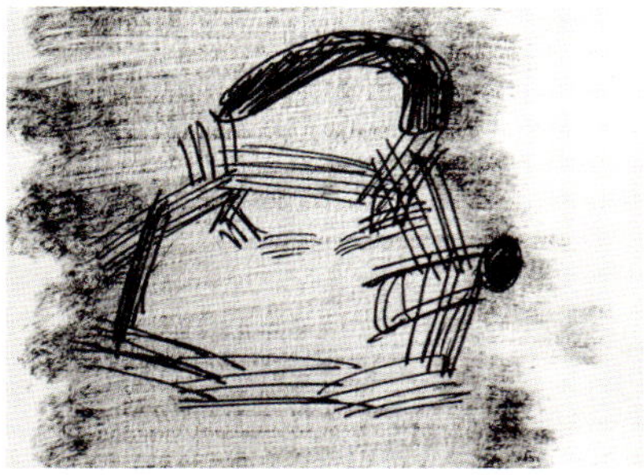
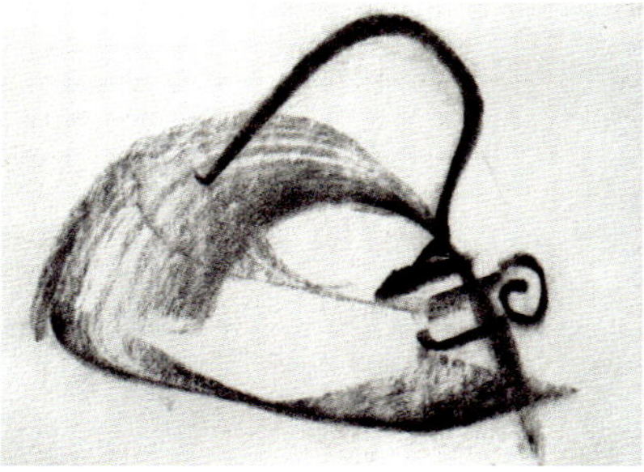
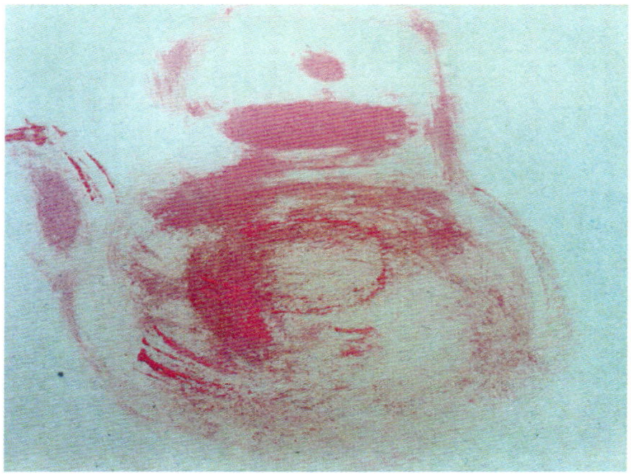

练习 4

作业要求：给予自主发挥的空间，可运用不同的工具、不同的造型手法、不同的纸质去描绘对象。

作业数量：5 种物体，每种自主发挥描绘 10 张 [A4 大小]。

建议课时：16 课时。

作业提示：该作业重点放在不同的工具、不同的纸质和不同的塑造方法描绘对象，目的是了解三个不同情况下图形带给我们的惊喜。工具可以是现成的，不同绘制工具，颜料也可选择。造型方法可以是线、面、块、肌理等不同表现。纸质不受任何的限制，可以选择在粗糙、光滑、细腻等纸质上作图。目的是给学生创造一个自由、灵活、多变的图形表现，施展表达空间。

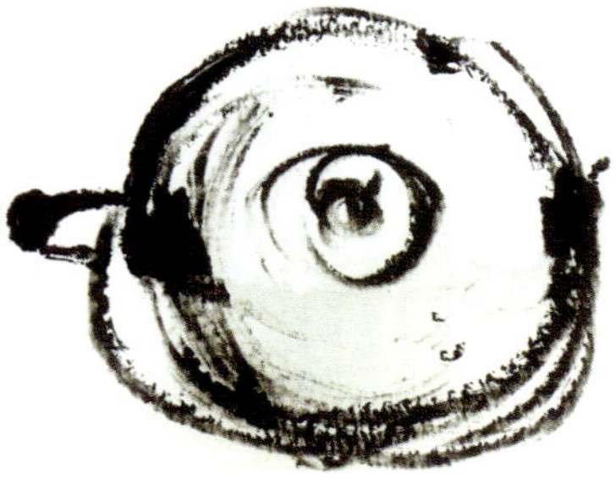

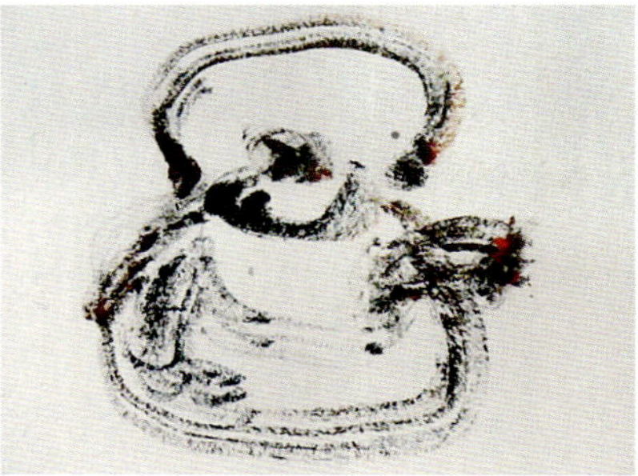

4. 初步的图形表现

在前2小节中，我们经历了几个方面的练习，初识不同工具，不同纸质、不同造型手法描绘物体，还只是停留于对物体的了解和认识上，接下来则注重对多种图形表现语言的研究。

图形表现，无非是绘制工具和表现手段运用的结果。

绘制工具：有常规工具，就是平时经常使用的，如铅笔、钢笔、毛笔、炭条等。在图形表现中可根据图形语言需要，自己巧制工具，只要能用于表现图形的任何物体与器具都可成为制图的工具，如，枝条、柳叶、铁丝、竹子、麻团、棉花棒、纸团、绳子等等。

除了选择现成的常规工具外，也可选择自制的写生工具，达到意想不到的效果。

绘图媒介：可根据兴趣与需要选择，如水粉、水彩、油画、涂料、墨水等颜料或非颜料的气雾熏画、蜡油，铁烙等等。如铝塑板、KD板、特种纸、布、人造板、沙地等，不同材质肌理的画面，对图形语言影响是显而易见的。

除了以上工具材质之外，影响图形的另一重要因素是表现手段，不同的表现手段，会给我们创造图形带来无尽遐想和广阔视野。

除了选择常规工具或自制工具外，还可选用不同的作图媒介不同的肌理画面，便会产生不同的图形表达。

图形语言的研究，很大一部分取决于对每一种工具特点与性能的掌握。不管是常规的工具，还是自制研发的新工具，最好能掌握其用来作图时所能得到的艺术表现效果。任何一种工具的表现效果肯定是不一样的，如，竹枝折断后的毛刺 、木条、铁线、棉花棒运动的画面轨迹肯定不同。有了预先实践的经验，我们就能随心所欲地驾驭工具，提高图形语言的表现力，拓展我们表现域。

提示：从以往图形语言课程作业看，学生在工具使用方面常安逸于现状，多使用常规工具，不去开拓自制，造成表现上多停留于“画”为主的方式上。图形语言表现手法应当是多样、丰富、不拘一格的，应涵盖作图所能想象的表现手法，如拓、印、刻、剪、黏、折、刮、撕等。只要能预想到的图形效果，任何工具都是可行的。

拓：在预先雕刻的图形上，涂上颜色并蒙上一层纸，捶打后使凹凸图形的肌理自然呈现。

印：把画好的图形，通过不同的手段，如复印、印刻等转移到另一张画面上，画面上有机械的痕迹带有一定的偶然性，但也给我们带来意想不到的效果。

刻：刻是一种减法手段，可以刻在不同介质上，如在木板上刻，就像是版画效果，在不同介质上刻，具有不同的效果。

剪切：剪切有刀之痕迹，与绘画效果不同，从体态大局入手概括表现，有笨拙、夸张、省略的效果，如剪纸艺术。

黏：画面构思好，用黏合剂将所要表现的材质黏于画面，如，布贴画、木画等，是“加”的手段。

折：多用于纸张的正反折，不同的折法便产生不同的凹凸、曲直、长短的肌理效果。

刮：借用锋利的刀片或其他工具，在不同介质上刮出粗糙、毛坯、刀痕的效果，是“减”法。

撕：它与剪切部位形成不同的效果，撕带有不可控与可控之间的自然性边缘，被撕出的痕迹与材质结构的松紧程度有关，是一种很好的形式语言，材质不同，效果有明显差异。

堆积、编织：它是一种带有工艺性的手法。堆积可根据材质大小堆出不同的花样。编织是古老的手工艺，它基本以线质材料为主，按织法产生不同的工艺效果。

以上列举的只是图形表现手法与方式中的一部分，有些工艺表现手法需要大家开发。采用哪种手法合适，或多种手法集合体现，都得考虑图形需求，同时还需考虑个人对作品的理解，以及设计者个人品位、修养、能力、经验等诸多方面的因素。

除选用不同的工具、不同的作图媒介外，可选用不同的表现手法，如拓、印、刻等等，最终达到不同的图形效果。

练习 5

作业要求：小物件放大练习。选择小尺寸（适合于 2 厘米 ×2 厘米范围内）的小物件，黏于纸上，再将物件放于复印机上作 400％放大处理。小物件可以是花草、集成块、回形针、小针线等。

作业数量：不少于 3 张

作业课时：4 课时

作业提示：通过复印机放大处理，了解放大前后的效果比较，过程很重要，每一倍数其复印图形清晰度有明显的差别。由此，得到感性认识，为今后图形多方应用，把控图形效果，积累创作经验。

利用复印机“放大”“缩小”功能的手段，便能取得不同图形纹理效果。

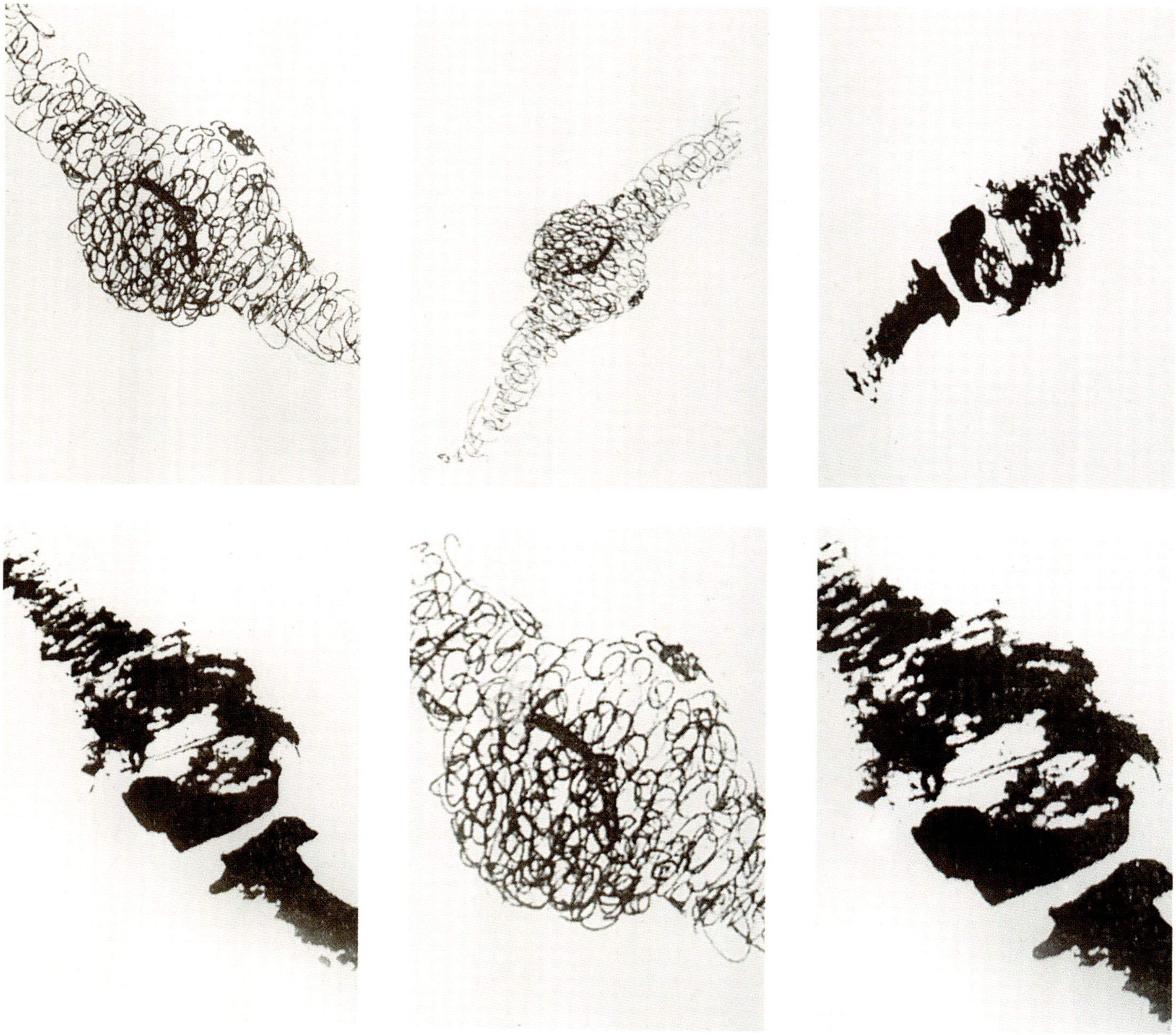

这是一组表现喷笔的图形，不同的工具，不同的作画媒介，不同的表现手法，产生不同的效果，有其独到之处。

这是一组表现工作帽的图形，不同工具、不同作画媒介，产生不同的图形魅力，达到了延伸、拓展图形目的。

练习 6

作业要求：做几组形态对比和肌理对比，如大小，高低、宽窄、光滑与粗糙的对比练习。

作业数量：5 组 [A4 大小]。

建议课时：8 课时。

作业提示：这个练习除了对物体的造型与表现上要考究外，要发挥学生能动性，在物的形状特征、肌理变化范围内进行合理的对比，要求从图形画面的完整性上多推敲。

这是几组表现对比的图形，无论是大小、粗细、高矮，还是表现概括、写意的对比，都收到不同的表现图形效果。

二、“造物”认识与图形生成

上一节我们对平面图形表达做了较为深入的分析，并通过作业练习去感悟图形表达。尽管图形课程是以“二维”为主的平面概念，但在实际设计构思过程中，经常是从形象的空间思维来考虑图形的。

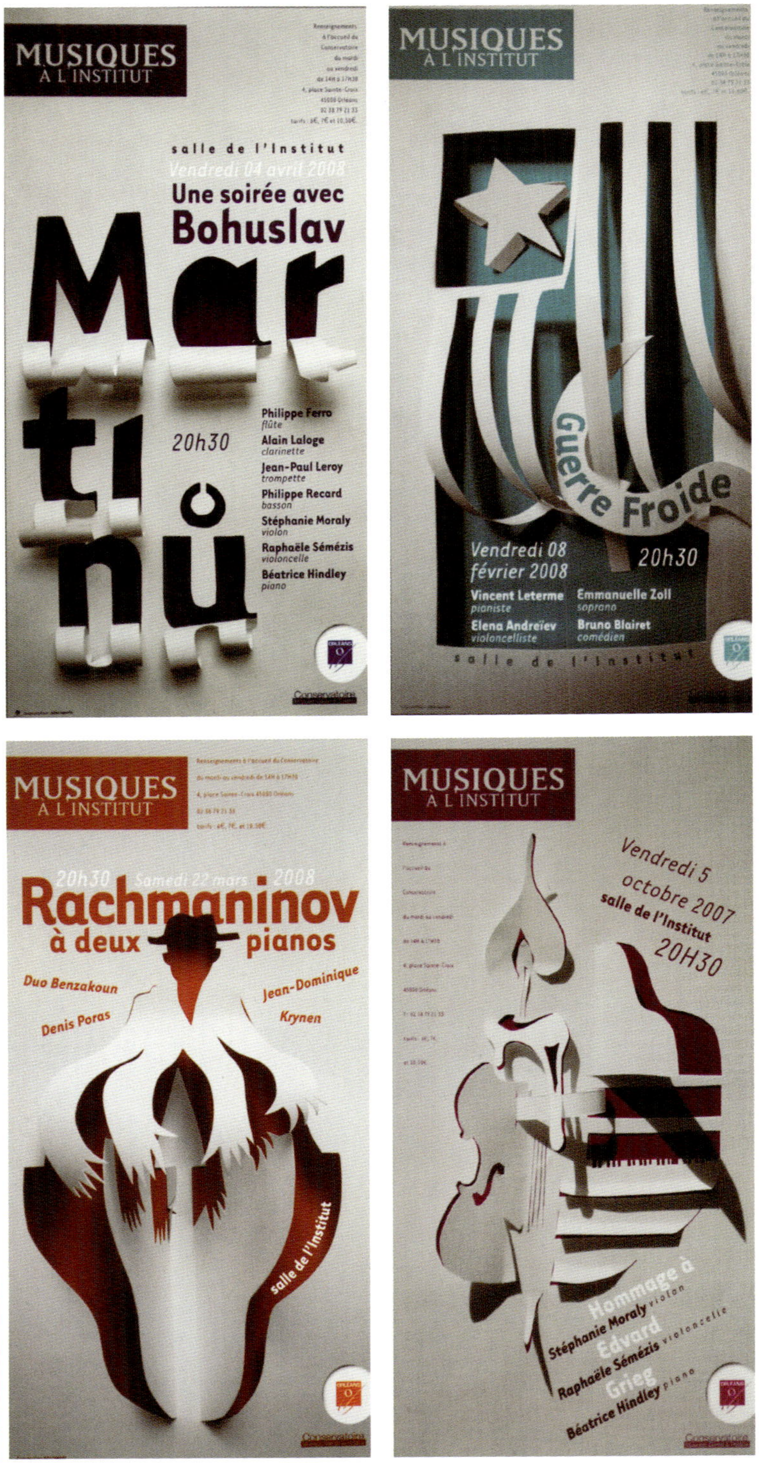

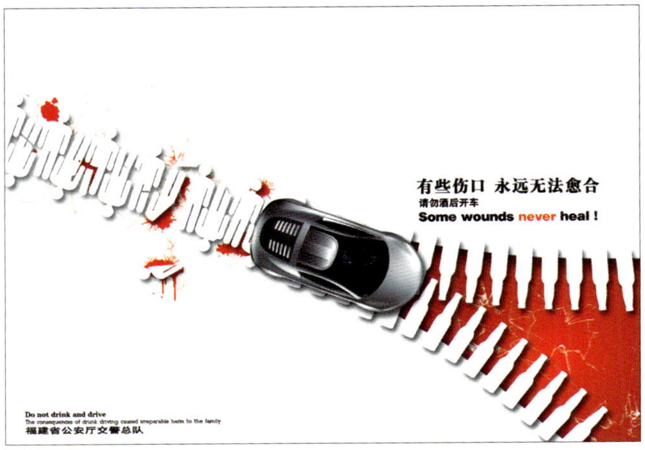

作者：陈捷

这是设计师应用“剪”纸，刻或剪手法在平面与空间表现图形，表达主题创意。

1. “造物”

例如，对现实自然形态物体加以认识改造，选择可重现物体形态的任何材料进行“造物”，可以是半立体或立体的造物，只需再现该物体特征的造型，目标不是为了复制原来的物体和它的功能部分，而是利用形象思维，开拓学生与材料交流对话的图形语境，塑造物体的创作新途径，如此一来所生成的“造物”与原物相去甚远。可以想象，“造物”制作上带有笨拙、童趣、随意的特点。可再借助数字工具如复印机、扫描机、数码相机、电脑等工具进行图形化处理，进而成为我们图形语言表现的另一重要手法。图形平面表现所无法达到的，正是“造物”图形生成的目的所在，并成为平面作品又一独特的闪光点。

注：任何材料是指可以用来塑形的且对转换平面图形化处理有利的材料，如棉线、木屑、布、塑料、沙土等。

“造物”表达关键在选用的材料和表现。
“造物”的韵味美感，这对后续作品表现力产生至关重要的作用。

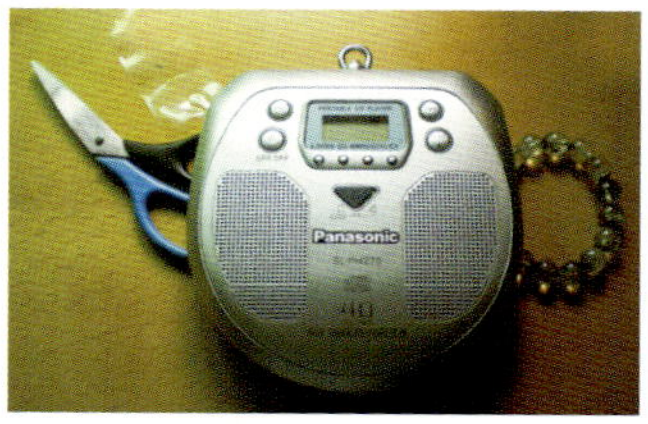

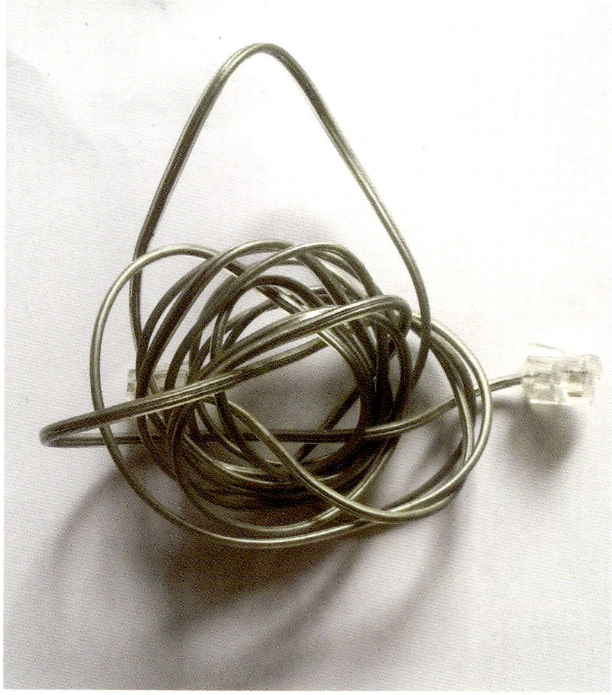

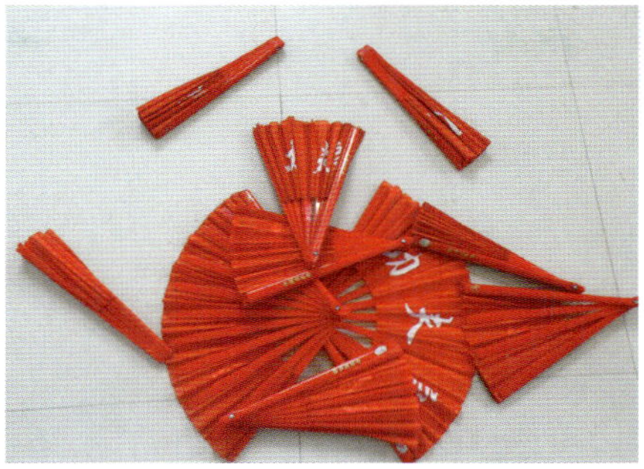

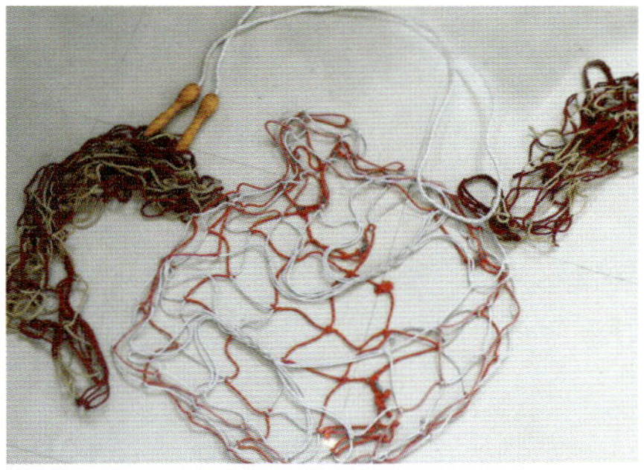
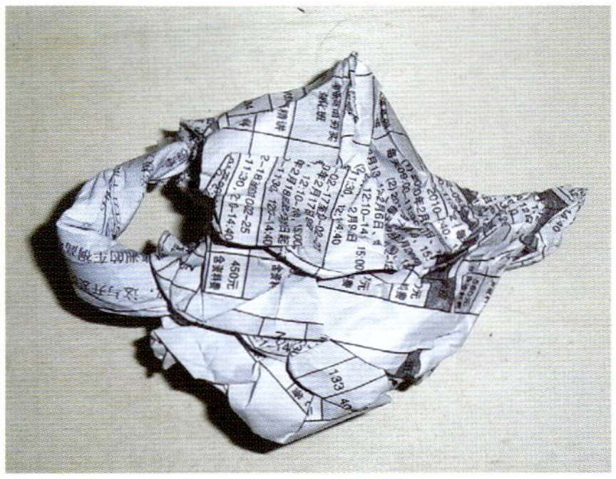

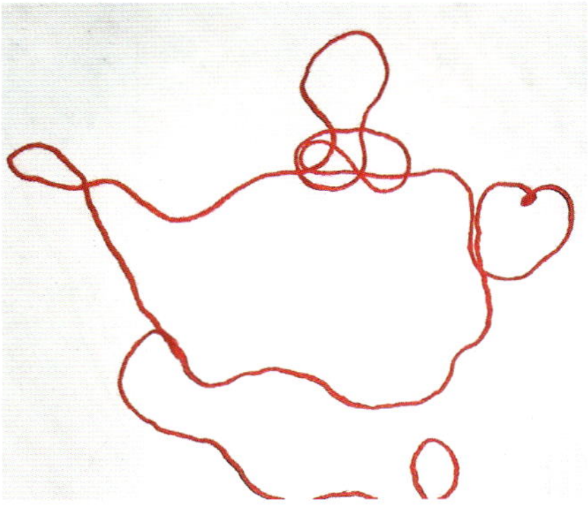
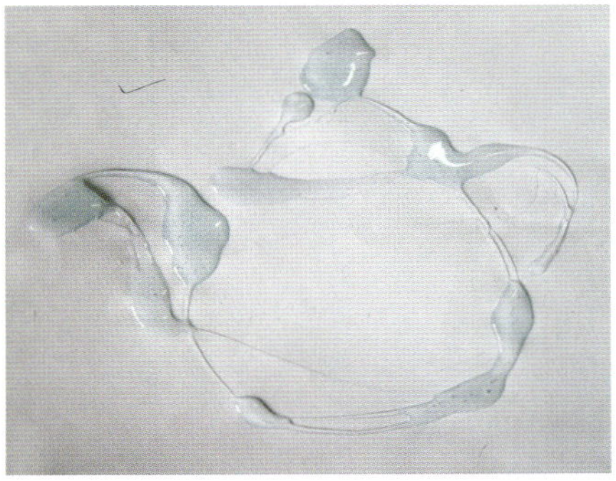

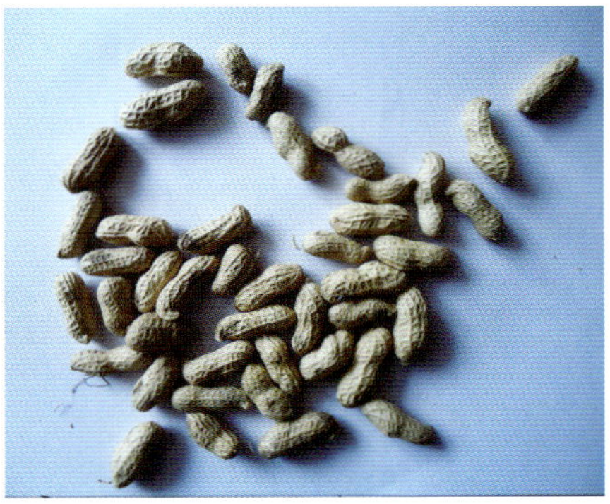

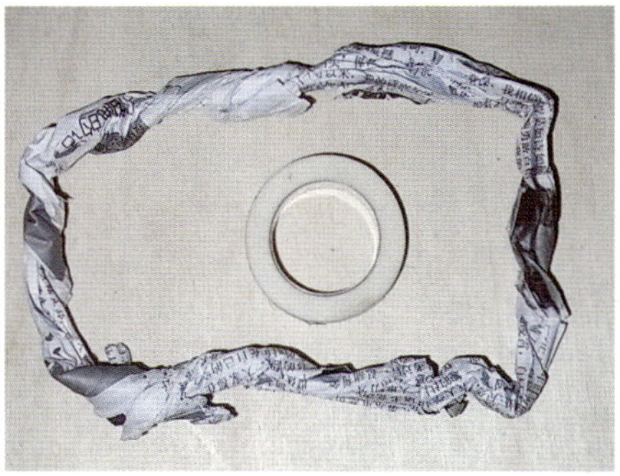

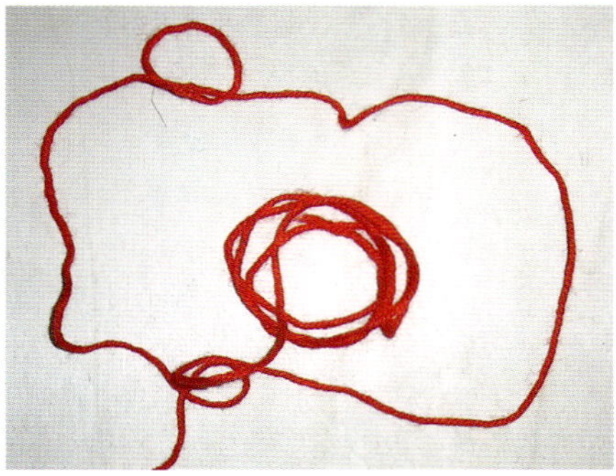

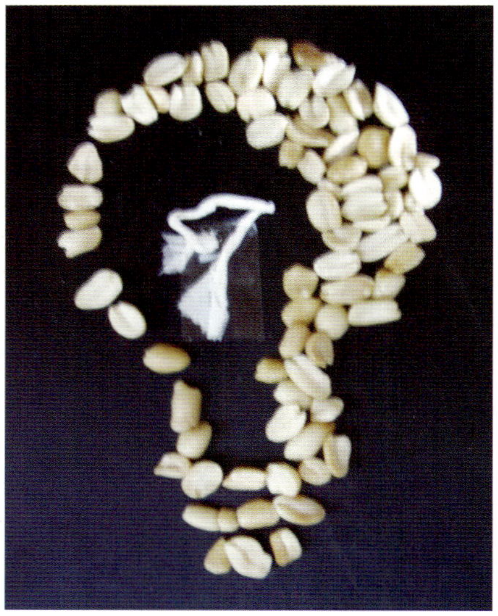

www.paperclips.cn

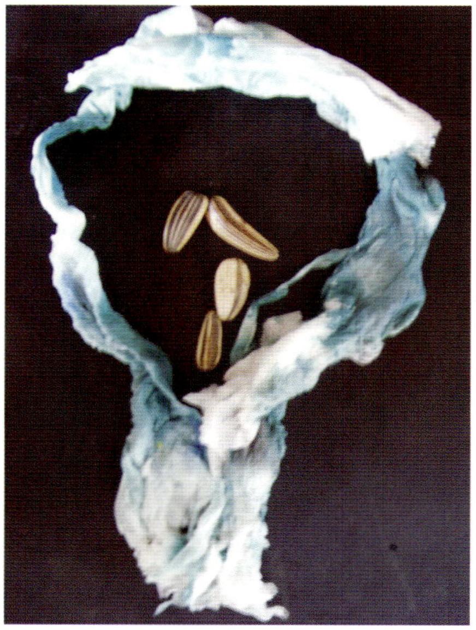

练习 7

作业要求：用不同的材料，以 2.5 维（半立体）、立体的形式塑造物体。

作业数量：1 件物体用多种材料塑造。

建议课时：8 课时。

作业提示：抓住原物体的形态特征，注重表现力，不要一味的“造物”，塑造时，应思考成型后图像的发展转换，才是重要的目的。

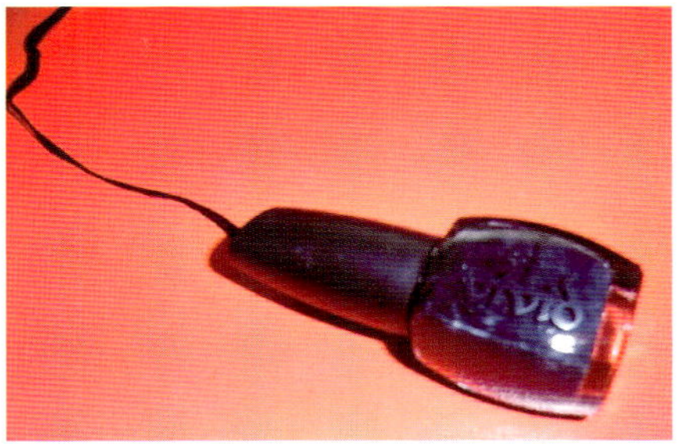

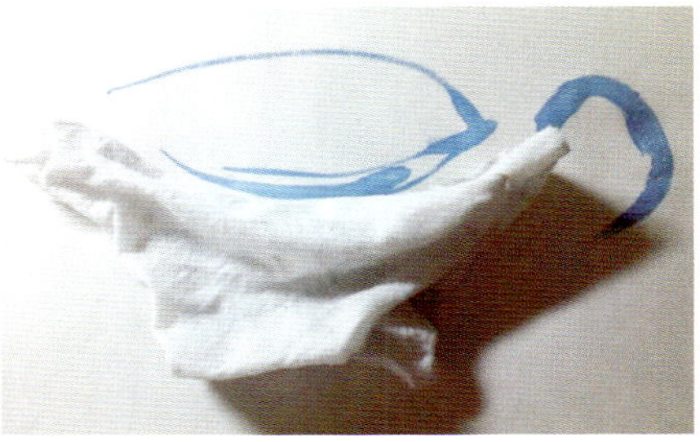

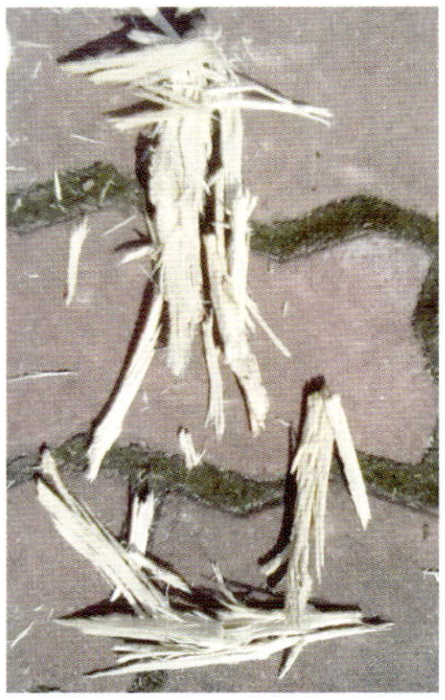
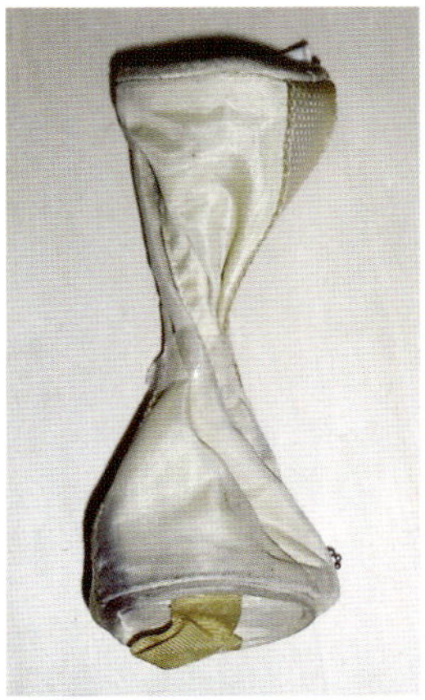
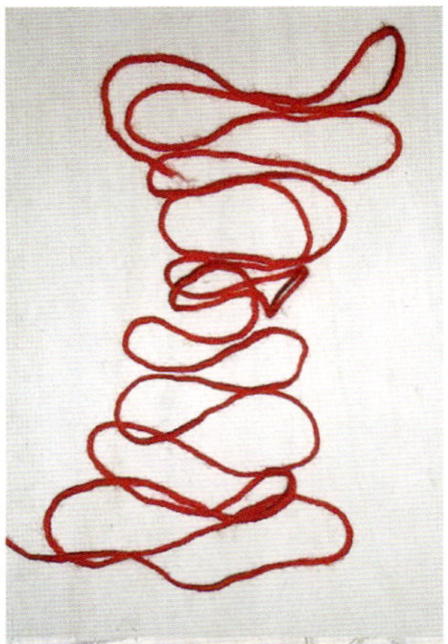

除了不同材料表现花瓶外，学生具有独到的观察能力，由女性背影取得“花瓶”的图形，很有魅力。

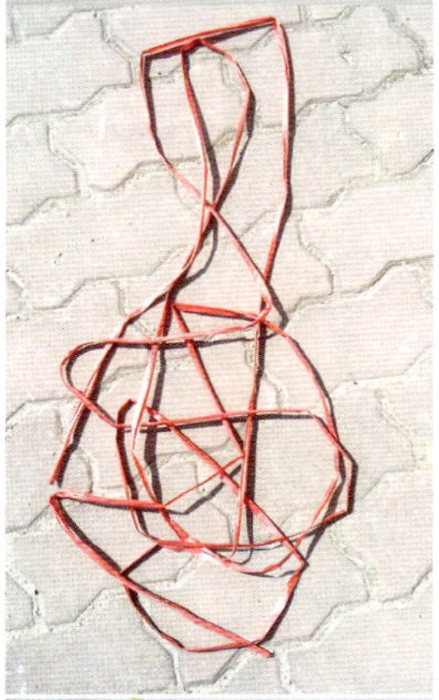
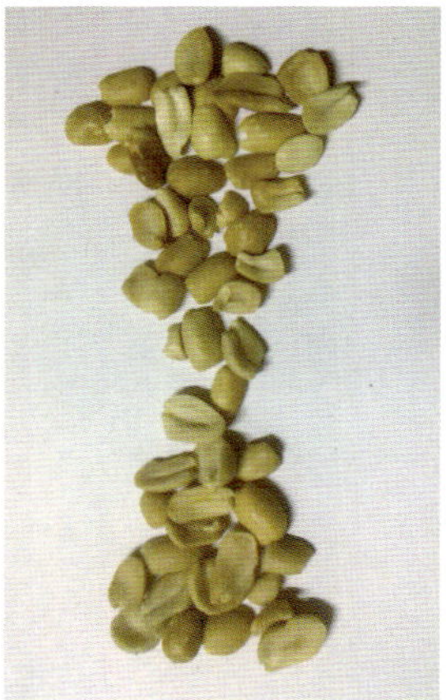

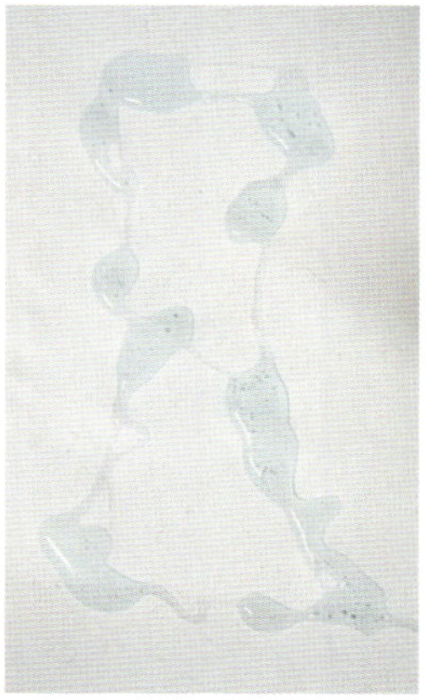

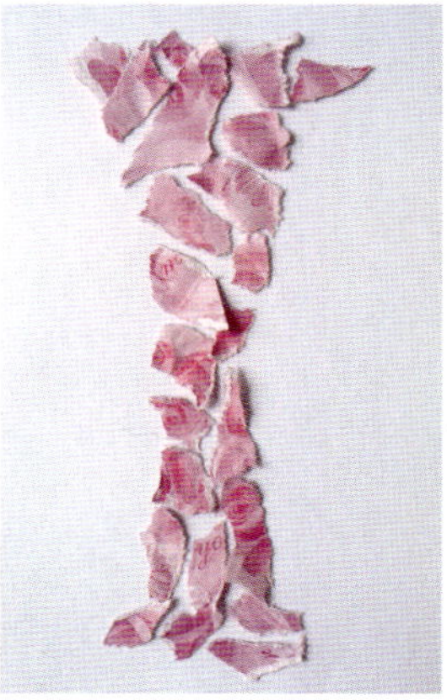

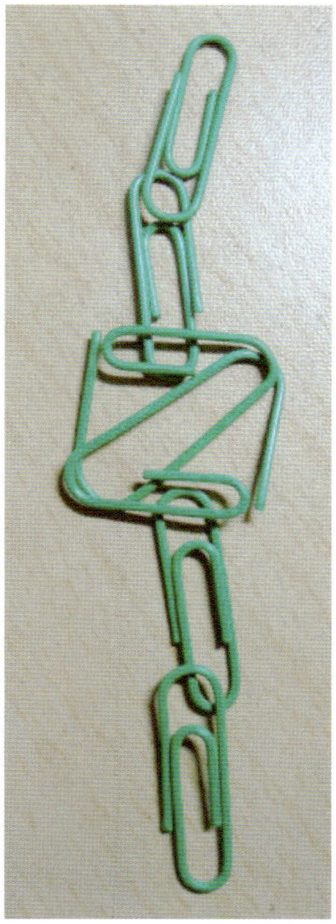

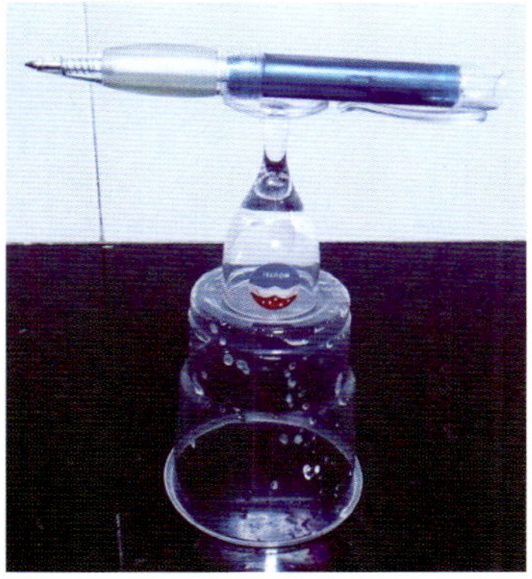

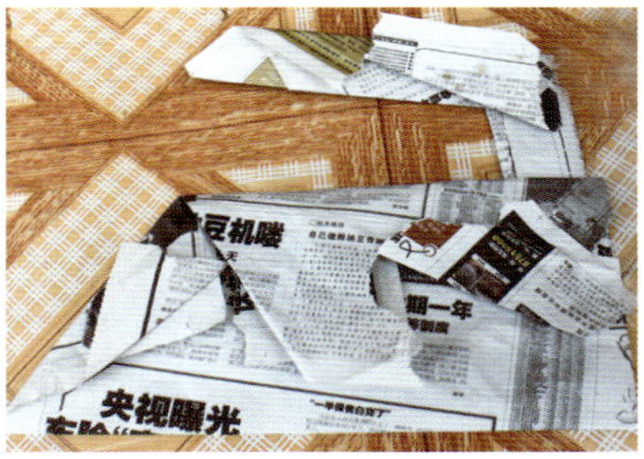
央视曝光

除了用各种材料、方法得到图形外，学生对自然形态用心观察，由中得到的图形，也更具自然、原生态，图形更具有魅力。

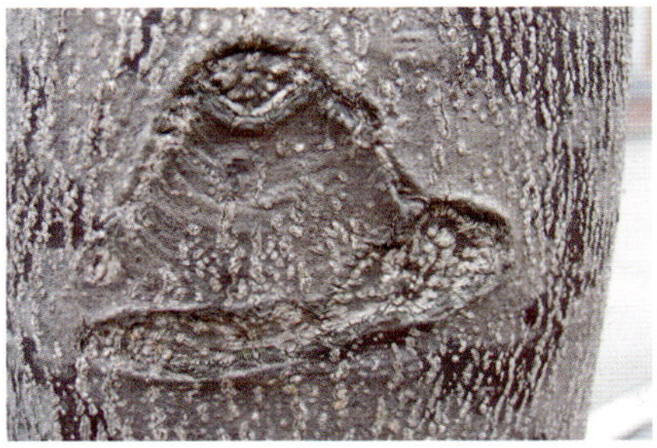

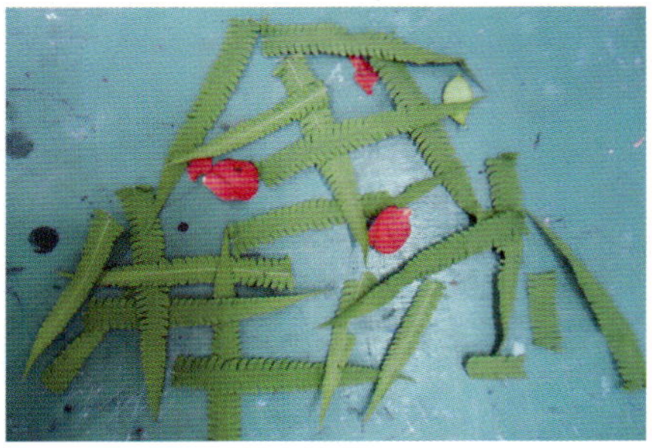
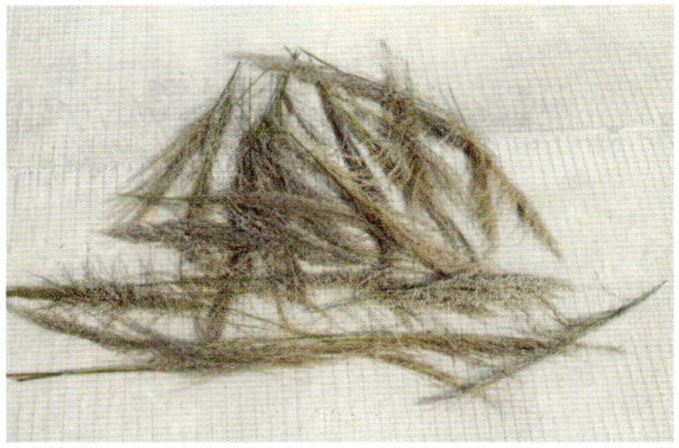

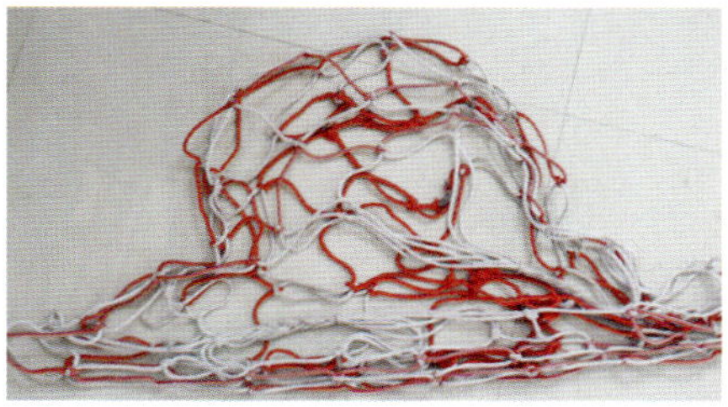

2. 从“造物”到图形生成

“造物”的目的是为平面图形拓展表现提供可“再生”资源。“造物”的过程与完成后的造型很重要。利用复印机、扫描仪、数码相机、输入计算机处理、将“造物”转换为平面的图形。目标是使学生脱开二维思考问题的惯性思维定势，由三维中寻找“造物”灵感，为“再生”平面图形服务，扩大寻图的范围。

计算机 Photoshop 软件具有强大的图形处理能力，从扫描仪、数码相机输入的文件，它能帮助我们完成传统手段无法实现的长处，利用电脑处理，发挥软件优势，掌握计算机图形处理最佳效果，如构图、形态添加、删除修正、色彩对比等等。每一环节多做比较、不断推敲、方能得到理想平面图形。

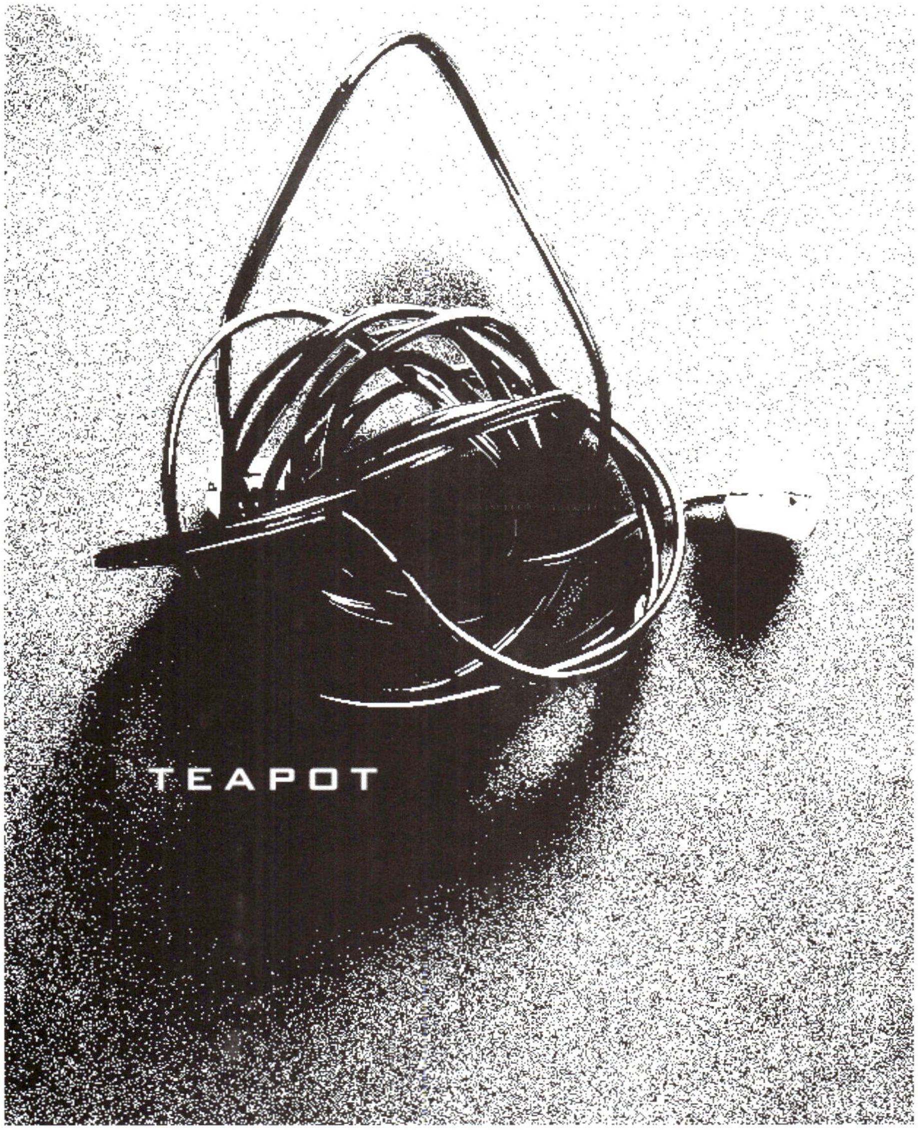

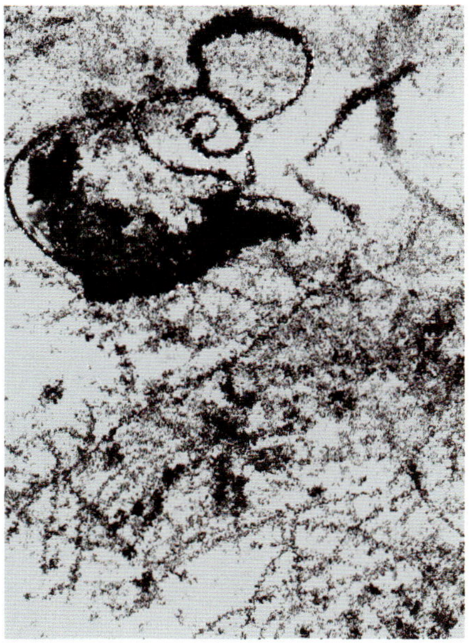

这是一组茶壶经“平面”表现到“造物”表现后，经计算机处理后的新图形。

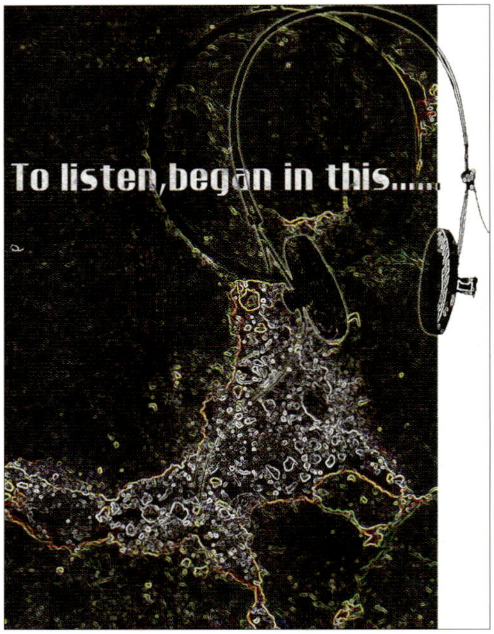
To listen,began in this......

PECKING ORDER
PECKING ORDER
PECKIN ORDER

LISTENING
EVERYWHERE
headphones

Music on the 1st,
ears shocking... ... ...

Fractal Brushes by Mark-S
for PS7

kerosene lamp

In the last century, the lantern
is a kind of lighting in China. Craft it with
kerosene is great rejoicing, deserve to
go up again a glass on the mask,
the wick cover, to present the wind will
blow out, nocturnal light, can hang on horses, and
in the 1970s most widely
sed.

a laptop, can prey
the oil-lamp can
can hang in the
night ridi
ng upon hors

Hurricane
Lamp

LIGHT

S NOT THE TREE
THAT FORSAKES THE

LISTENING EVERYWHERE

练习 8

作业要求：利用复印机、扫描仪、数码相机等设备获取影像文件，输入计算机进行单幅图形处理。

作业数量：5 组，各 10 张系列处理。

建议课时：12 课时

作业提示：目的是输入计算机后的图像处理，能从中得出图形的进一步发展，处理时应懂得美的形式法则，如对比与统一、协调与均衡等，处理手法可以是取舍、夸张、组合、添加等，以完成图形的多种表现语言形式。

耳机、马灯、花瓶和相机的原图形，经计算机处理时，可增加相关的元素，让原图形融入营造的环境氛围中。在“玩”图形中，把握新图形的趣味，轻松中创造美感。

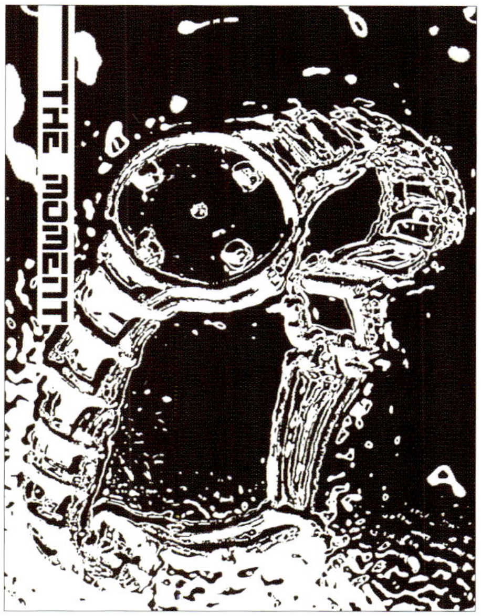

OK HIM
INFORMATION
TEO MEN

GRAY

Smoke Bulb
Smoke Bulb

cup
www.cup.com
Lonely

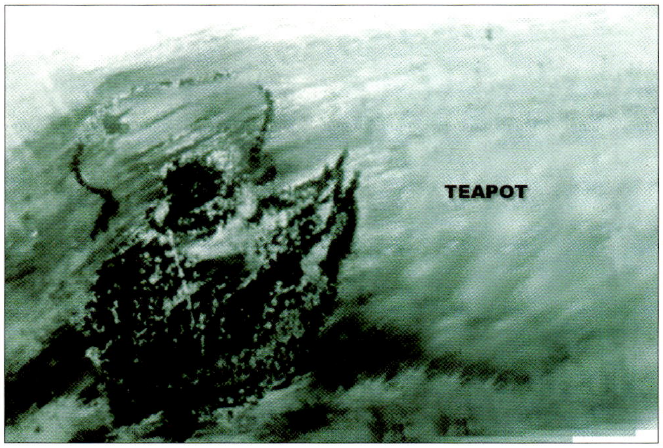
TEAPOT

三、图形的个性化生成处理

此前，我们通过对自然形态的观察、分析，深入了结构内部形态分析与解剖，并学会发现与收集图形的相关内容，提高视觉素养。同时，也对物体形态从写生、描绘开始初始工具与表达、图形与表现、“造物”与图形生成，拓展图形语言所能寻求表达的范畴，开阔了求图的多方渠道，丰富了图形语言表达的词汇。

本单元有意识安排富有个性的图形（平面）作品欣赏，特别介绍大师的作品，选择作品的形式风格多样，加以点评，以提高学生的视觉审美水平。其次，对前面两节所作的图形练习进行有意识的筛选，选择有发展前景的图形，进行综合加工。不仅要考虑单一的形态或单一的表现手法，更要从图形的形式语言、综合的表现力上去整合，创造出形式多样化、有个性、有魅力、高质量的图形。

这是一组不同设计师完成的图形作品，图形表现形式多样，个性十足。

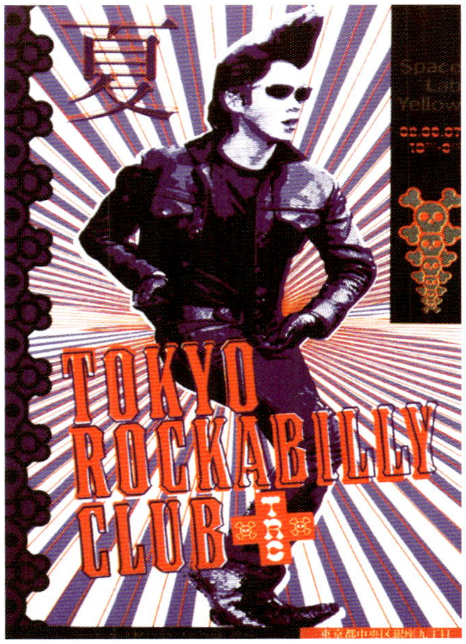

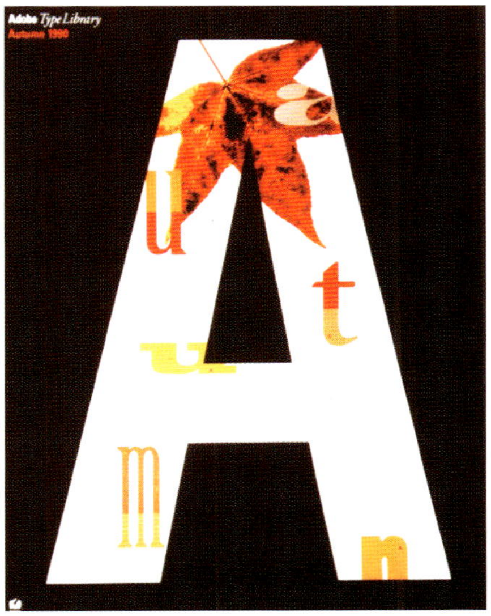

在此课程进入关键的“收官”阶段，思维始终要有图形意识，合理把握时尚图形“词汇”、新锐风格，增强图形的个性化。这阶段工作是建立在前二节作业练习的基础上，要懂得运用图形语言的形式法则，将知识与表现图形的经验融会贯通，利用计算机技术的处理手段去创造新图形，如在写生工具与图形表达练习的基础上，要进行更有图形形式化的加工处理，从“造物”到图形生成的图像作业基础上，进一步对图形语言深加工，进行个性化的生成处理。

本节课程仍要求有较大的自由发挥与想象空间，通过图形个性化处理练习，增强对课程各部分内容理解与掌握的情况。

课程强调：1. 创建新图形，应思考如何把原有的图形进行艺术加工、综合，并协调它们间的相互关系，寻求个性化的图形表现方式。

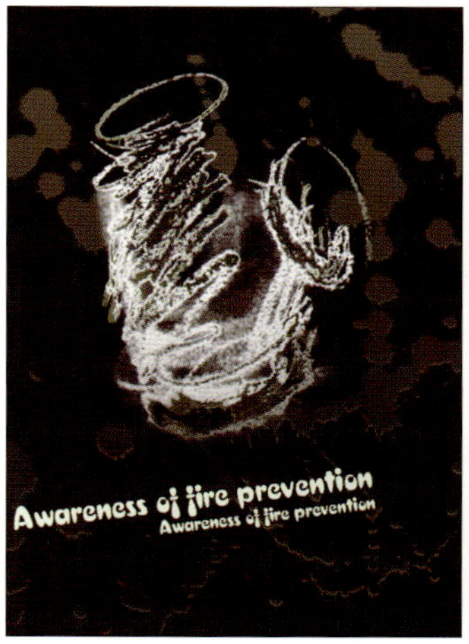

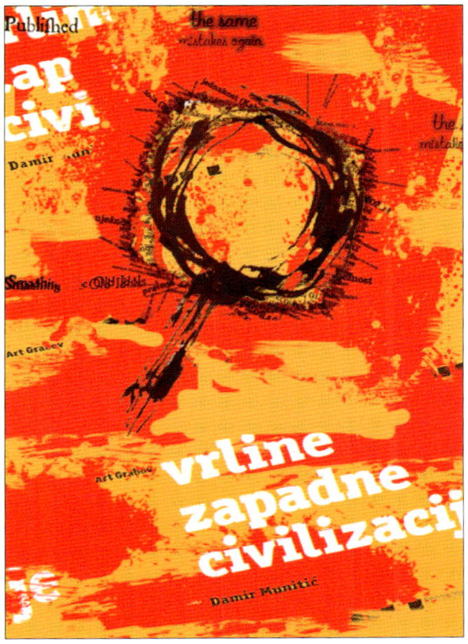

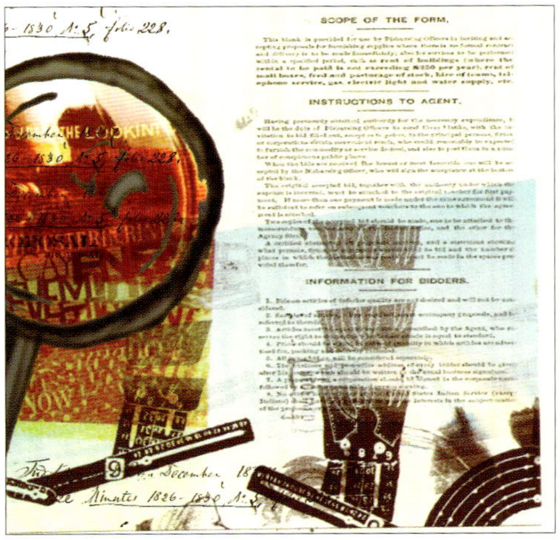

个性化处理：可运用点线面设计元素，把握原图形表现形式，用计算机处理创建个性化图形时懂得营造原图形相应的表现氛围，如明暗、线条、色彩、图字等运用自由版式设计手法，创造轻松自如随意新图形。

2. 创建富有个性与魅力的成型展示方式。如制作有个性的书签、挂历、卡通概念书、竹简等系列成型展示。增强个性图形的魅力和内在价值，也锻炼了自主创新能力，丰富了图形语言的表现力。

这里还应强调：在表现一系列的整体图形时，对单一的“图形”个性化处理，可以寻找一些与其相关联的，能为之增色的元素。如环境、肌理、色彩、文字、局部元素等，借助这些辅助图形来制作效果，以丰富图形语言。懂得活学活用，才能解决实际问题。

图形的个性化处理可选用系列文具印刷品，达到个性系列展示效果。

练习 9：

作业要求：把前二节经过选择的图形进行添加、完善、综合等加工。以个性化，有趣的方式表现出来，形式不限。

作业数量：5 件 [A4 大小]。

建议课时：12－16 课时。

作业提示：注重单选图形个性表现，计算机可作效果处理，如添加相关联的纹理、文字、色彩处理。

四、 整体效果展示

之前课程与练习以单元式推出，接下来就要将各单元串联成一个整体。从自然形态分析与图形表达，到对图形整体规划、编辑与展示，是一个整体的工程。要从宏观的视角去掌握整体主线，认真设计图形展示方式，合理安排好它们之间的恰当位置，以利于整体效果展示。

整体规划就是对形态分析与图形表达的整体认识，注意形态分析、观察、认识是否到位，图形表达是否到反映“形态物体”的自然特征，对生成的“图形”该如何筛选，个性表达效果又是如何，图形间的表现是否整体统一等因素。多思考有利于整体效果的把握。

在分析、加工、整理各生成“图形”时，要做到既有区别，又是一个不可分割的统一整体来思考。如耳机表现，可归纳为一个圆弧加线及两个圆圈去认识。假如用一个圆弧两个方形，也许不会感受到这是耳机，就会出现识别上的偏差。因为接触过耳机的人，通常认为是一个圆弧加线和两个圆圈构成了耳机的主要特征。如果我们把“假如”的两个方形置于整体的氛围中，自然也让人感受到它的存在。整体其实是把握大体特征，是在“似与不似之间”的“艺术感觉”中生成整体的。

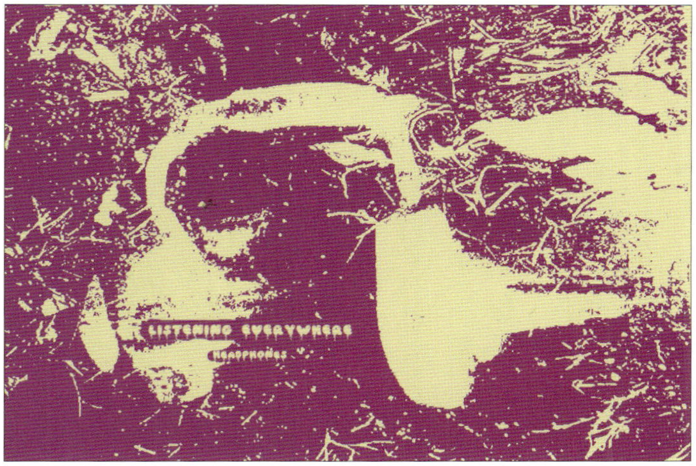

整体效果是一项系统工程，学生应学会宏观把握整体视觉主线，寻求整体中的共同视觉元素，如美的韵味、形态的连续性，色彩的相似性，表现手法的统一性，总之在“统一性”视觉元素中把图形做足，最终达到整体效果。

练习 10

作业要求：从前二节作业中选择同一件图形进行，添加、整理，加工、完善，以个性化的图形处理，设计成成型物件整体展示，形式不限。

作业数量：2 件 [A4 大小]。

建议课时：12-16 课时。

作业提示：以个性化成型展示时，注重图与图之间的视觉关联性，以形式或色调关系注意排列的前后效果。

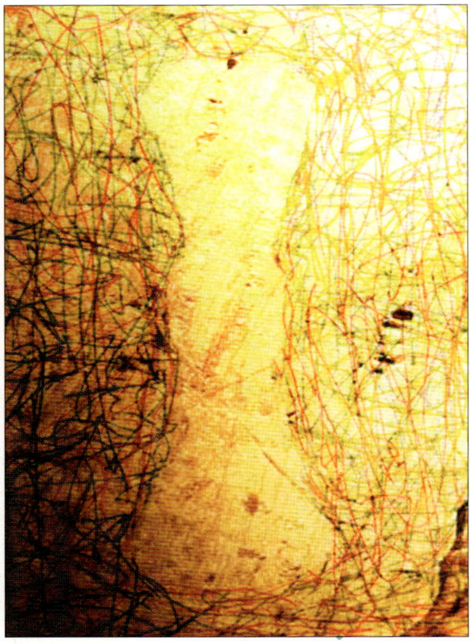

第三章
图形语言创意与表达

图形语言是解决如何根据不同的设计主题要求，以相应的视觉化图形形式语言进行创意表达。

一个好的图形必然具备好的图形“创意”和好的图形“语言”。

图形语言创意与表达是研究如何利用图形的形式语言与法则，并根据不同的主题要求，同时依设计者对主题的个人理解，运用图形创意思维、方法，以一种视觉图形的语言形式表达传递出来。

图形是视觉艺术信息载体的重要组成部分，是设计者通过构思后创造出的视觉语言。一件好的创意作品包含了一定信息量的有效传播和与之相对应的审美标准，蕴含着设计者对主题思想的理解和娴熟把握图形语言风格、形态的能力，也赋予了个人思想情感、审美价值取向和生活情趣的诸多方面，是作者的文化素养与设计能力的综合体现，正如本标题所概括的创意（想法）与表达（形式或手段）。

“创意”、“想法”是设计者开动脑筋想点子，用创造性观念、行为构思出具有独创新意或有趣味的图形。同时，图形的表现形式与手法，即表现能力，也十分重要，一定要协调好二者关系，使它们完美结合。若只关注“语言”，而忽视“创意”的图形是不健全的。同样，只关注“创意”而没有很好的语言形式表现，同样也达不到有效传播，图形就会失去其艺术价值。

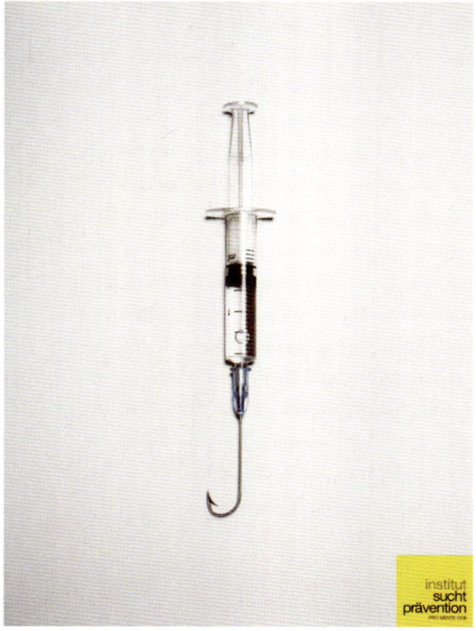

一、图形的转换与拓展

由图形语言纯粹训练进入带有创意初步的表达阶段，应本着“由浅入深”“由易到难”的原则，安排一些常接触的卡通趣味图像、常见玩具图像等作为参照物，借助与利用现成物像，由此开发训练对图形表现与创意的能力。只需运用概括、省略、添加等手法“改变”图像，创造略有新意的图形表现形式。

1. 由卡通、趣味图像中获得创意灵感

卡通、趣味图像充满了天真、浪漫、幽默与风趣的特殊表现语言，给图形创作带来丰富的想象空间，完全可以从中找到新的灵感与表现语言。

运用卡通、趣味图形，表达天真、浪漫、诙谐的创意图形

练习 11

作业要求：任选一卡通趣味作品，借助其趣味美感进行有新意的图形表现。

作业数量：4 小图 [集中在 1 张 A4 纸输出]。

建议课时：4 课时。

作业提示：由卡通趣味作品中找到趣味灵感，可添加趣味新元素进行创意拓展。

2. 由泉州、漳州木偶的造型获得创意灵感

木偶深受儿童的喜爱，泉州的提线木偶用线牵动，举手投足靠真人双手操控，提线一般用 8 根，俗称“八线班”。复杂时可多到 24 根，利用木偶的头、身、颈、四肢、胸腹和臀股以及腰、手足的关节变化来传递故事情节。

漳州木偶又名“指头木偶”、“手托傀儡”、“掌上木偶”，它是将木偶套在艺人的手上进行表演，动作迅速，节奏快，体积小、操纵灵活，动作活泼。

“造物”表达中，学会了图形可以从立体到平面的转换方式去思考、去创意。木偶作为我们特定的创作源泉，初识木偶会让我们打开思路，激发灵感，拓展创作空间。

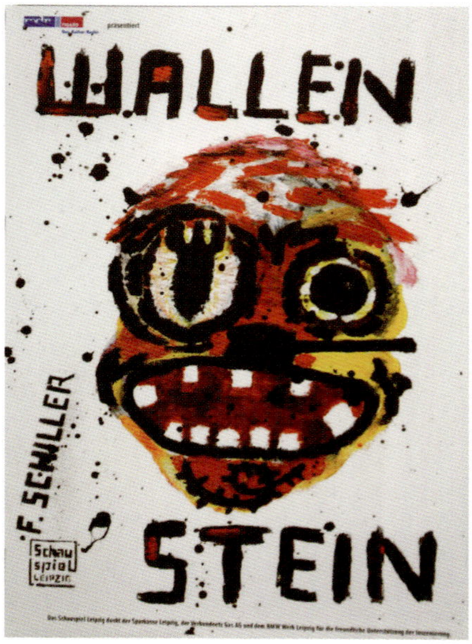

练习 12

作业要求：从木偶的艺术造型中发现图形语言，借助木偶不同形态或情节变化的某一瞬间，可以给我们带来灵感，进行图形的再创造。

作业数量：4 张小图 [集中在 1 张 A4 纸输出]。

建议课时：4 课时。

作业提示：了解木偶可以是静态的，也可以在木偶戏中了解其动态美，由此寻找对象的创意亮点或可利用的形态，研究如何用图形去创作。

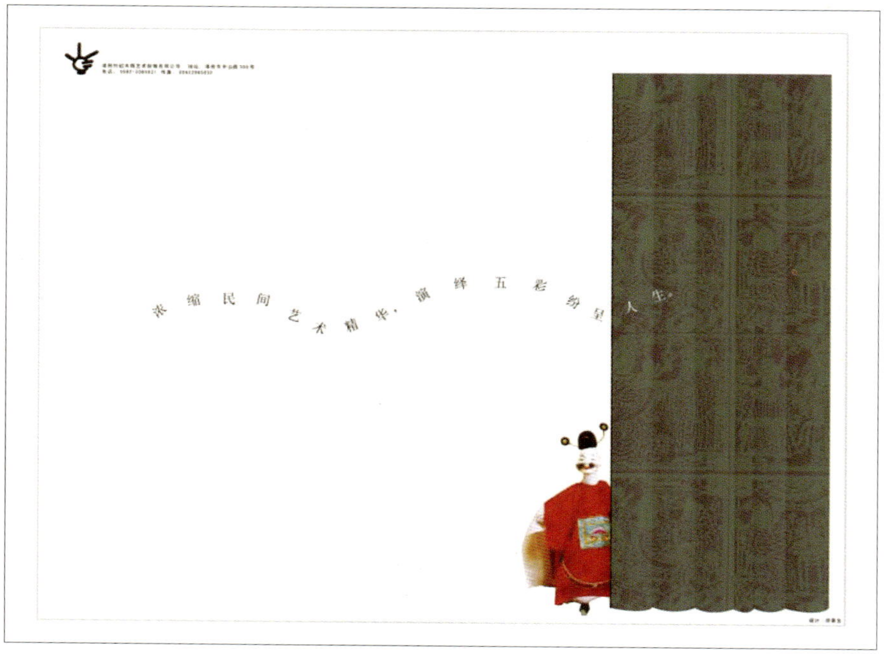

由木偶“立体”形象转换平面图形，不同的作者有自己的思路去表达主题。

3. 从漳浦剪纸中获得灵感

以漳浦剪纸为基本元素，在此基础上进行“开发”能力训练。漳浦剪纸受北方贴“窗花”等文化习俗的影响，广泛应用于结婚、祭拜等各种活动。人们剪各种猪脚花、饼花和花鸟，贴于礼品、祭品上，寄托美好的心愿。漳浦剪纸风格迥异、造型严谨、细腻真实、粗犷奔放、简练明朗、刚柔并济、粗细有度，散发着浓郁的乡土气息。可以借助或利用现成的剪纸图形，寻求可突破的局部细节，对其进行“改造”创新。通过这样安排，比较容易进入初步创造能力的训练，符合“由浅入深”的教学原则。

由剪纸民间艺术中寻找灵感，进行创意图形表达

白卫亚

练习 13

作业要求：选择一张主题剪纸图片，利用图片进行创新开发，给图形以新意。

作业数量： 4 小张 [集中在 1 张 A4 纸输出]。

建议课时： 8 课时。

作业提示：选择有主题思想的剪纸图形，最好能有发展的余地，用不同的表现方式去营造图形的不同氛围，表达主题思想。创作的小 4 幅须整体和谐。

4. “照片”的转换与拓展

选取有趣味的图片，对其进行“改造”与创新。可以在现成图像上大胆发挥想象力，开发图形表现与创意的能力，这种训练目的性较明确，能很快进入有趣的训练状态。

这是一位学生对“碗”的图像进行的图形拓展练习

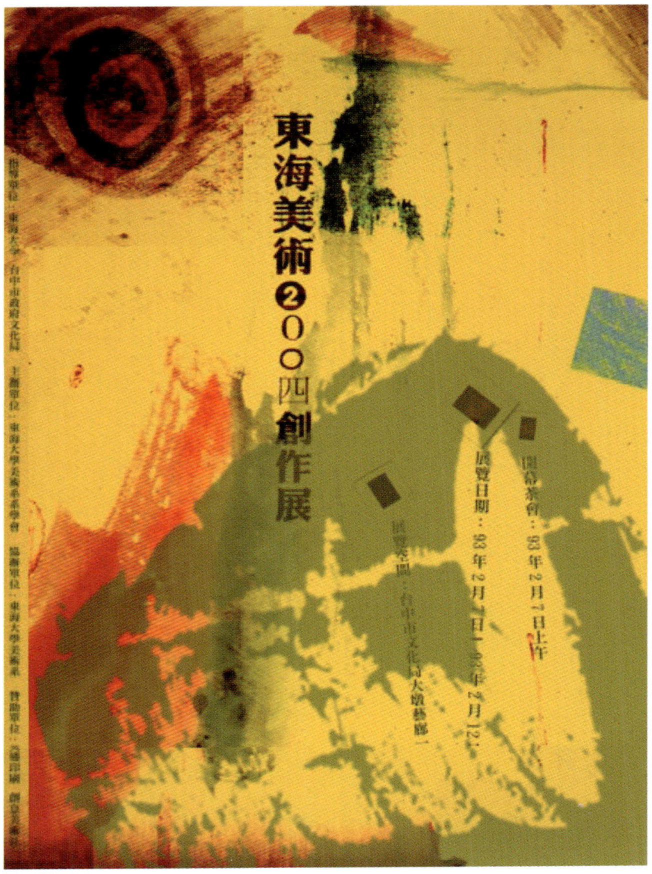

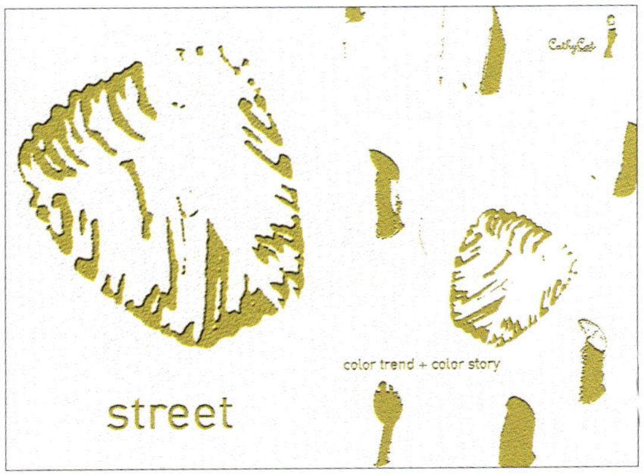

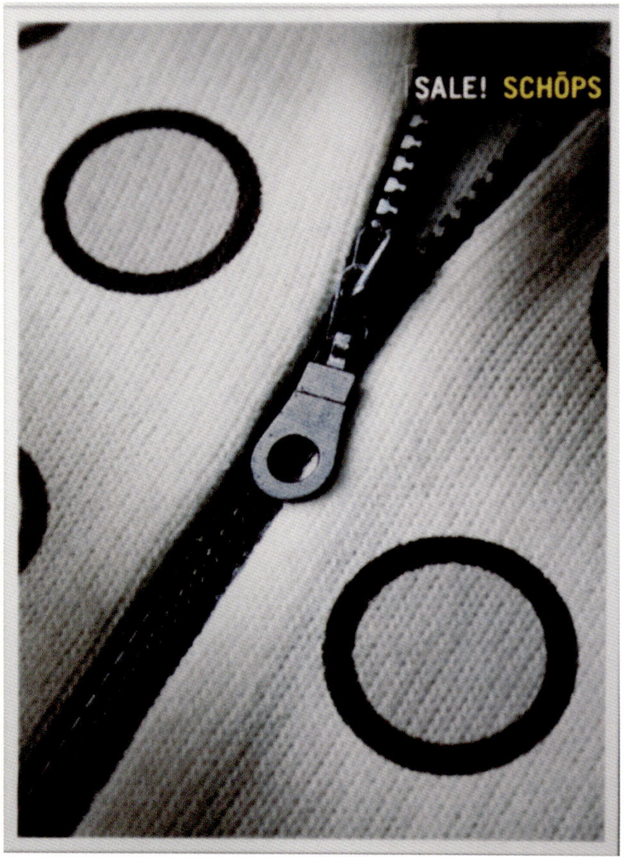

设计师由百分号与运动服饰取得的灵感，表达创意图形

练习 14

作业要求：选择一张有趣的图片，将其主体形象作为创新开发的基本元素，运用图形个性化处理，赋予主题，运用表现手法营造不同的图形氛围与情趣，进行一系列图形变化创作。

作业数量：4 小张 [集中在 1 张 A4 纸输出]。

作业提示：①基于图形主题的选择。

②学会运用图形处理手法，制造不同主题氛围，要求图形整体统一。

5. 图、文呼应

语言文字的视觉形象转换，靠的是联想和想象。要深入生活、体验生活、观察留意身边的点滴事物，并把握事物的本质与特点，用形象化的图形加以表现。这种图形语言自然、生动有趣，弥补了因语言文字表达抽象的概念和意义的差异，完成它们间轻松自如的转换。

用富有视觉表现力的图形解读语言文字练习，能调动学生联想和想象能力，从多角度认真观察生活中的细节，捕捉与文字语言相符的图形，打破固有的思维定势，从现实生活中寻找有价值的创意源，探索思维与创意表达的契合点。

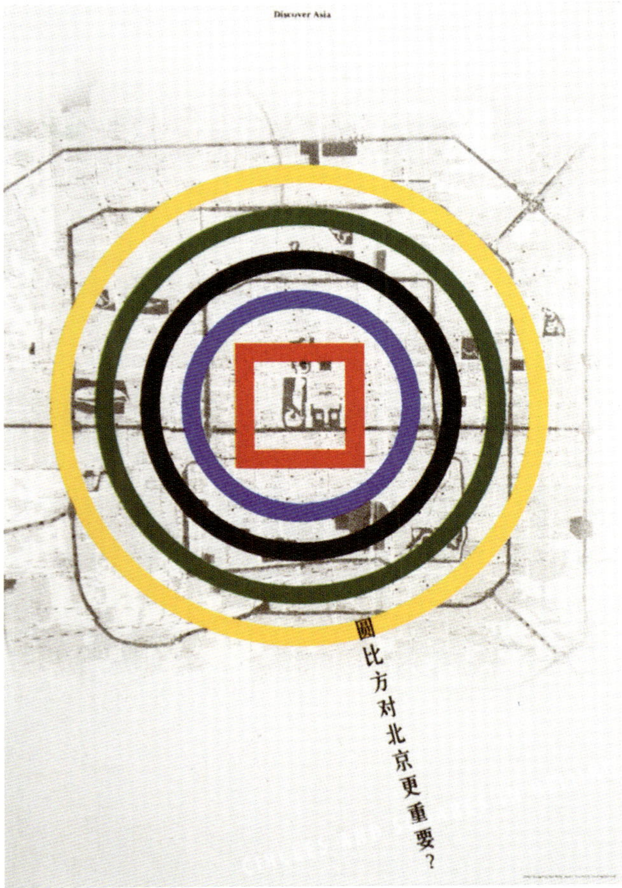

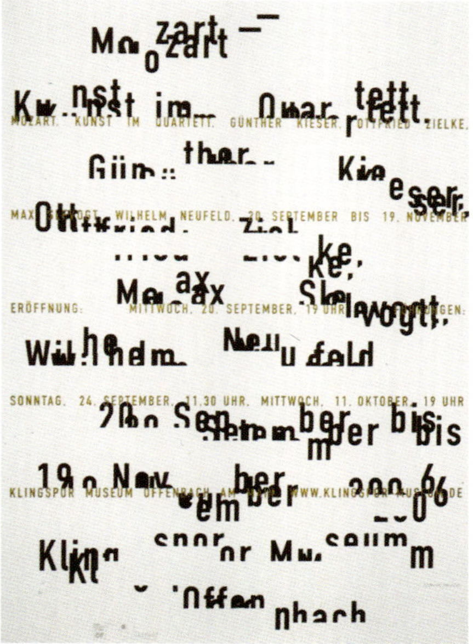

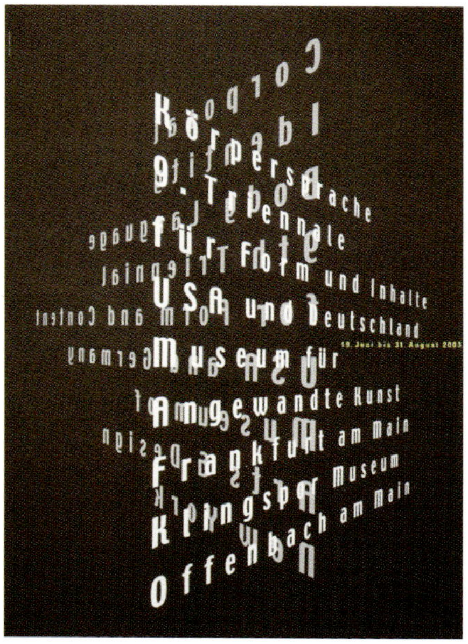

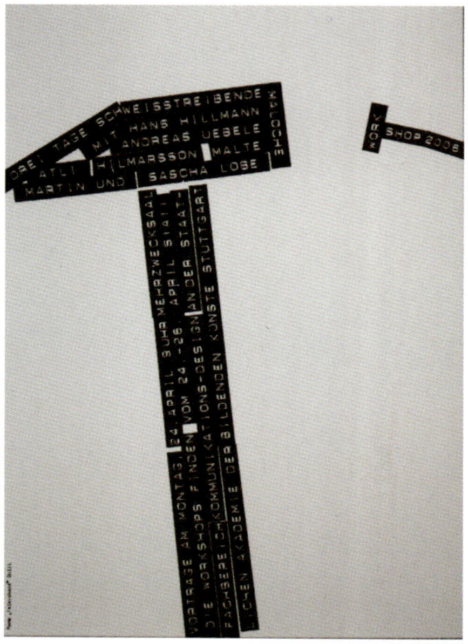

图文历来是平面设计师表达图形不可或缺的设计元素，如何让图文之间恰如其分的表现，需要设计师对图文进行深入解读，方可达到理想的图形表达。

练习 15

作业要求：选择几句有意思的语句，或直白、或间接、或幽默、或隐讳，要求用图形的形式对句子内容进行形式感的表达。

作业数量：4 小张 [集中在 1 张 A4 纸输出]。

建议课时：8 课时。

作业提示：给定的句子要易于理解，并具有可想象与开发的空间。

二、师法自然

自然形态存在形式美的规律和法则能为图形提供造型和风格，从大自然中汲取设计营养，观察自然，表现自然，是我们避免墨守成规的有效途径。

在图形设计中，自然形态广泛地应用于传达信息。作为一种具有象征意义的信息载体，被写实或变化了的自然形象，可以用来指代所要真正表达的事物。自然的外表形状作为指意、说明应用的素材，其简约的符号广泛地应用于标识、或与图形相关的领域，用作造型的基本手段。如，美国著名招贴设计大师金特·凯泽，他从自然物象中选择素材，笔下的植物、花鸟、乐器及人的肢体，丰满富足，是极富象征意义的经典创意。又如德国招贴设计大师岗特·兰堡，常常利用土豆等自然形象表现更为深刻的内涵，独特的创意和强烈的视觉效应都是通过对土豆的艺术化、超现实化处理来营造的。师法自然，追求统一的自然美。类似的例子不胜枚举。

自然形态为图形语言提供了丰富的表达方式，设计师稍加留意，自然形态便在此升华

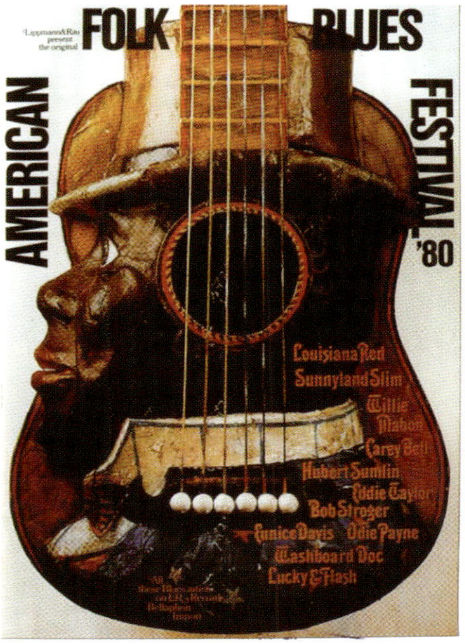

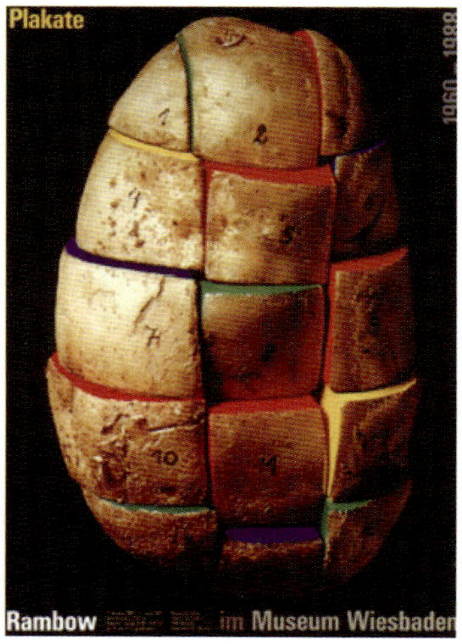

作者：岗特 · 兰堡

练习 16

作业要求：根据《文明道路交通安全手册》的交规要求，从中选择一项内容，进行主题性招贴设计。

作业数量：1 张 [在 A4 纸输出]。

建议课时：8 课时。

作业提示：熟悉交通规则，从中悟出具体形象符号进行创作。

三、主题的图形表达

根据设计任务，我们要做深入详细的背景研究，明确设计的要求，把握与主题相关的信息，包括其他设计师的作品，通过分析思考，寻求创意表达的突破口，完成图形创作。

1. 主题的分析确定

主题是图形的灵魂，图形表现形式是主题的躯体。主题思想通过图形来表现，而图形的使命就是传递主题思想。主题具有总结的性能和启示的性能，设计师就可从中发现问题，圈定、收集、储备相关的图形元素范围后，找出问题的核心，为酝酿联想开创条件。当所给的条件成熟时，新的创意就会突然闪现，意味着创意的灵感降临或直觉出现，是豁然开朗阶段，使创意创造过程产生质的飞跃。创意过程会带有许多不确定因素，需要经过反复的验证、分析、选择和比较，选择其中几种最能表达主题思想的视觉图形表达语言。这个过程就是对图形元素的提炼、分析、确定主题的过程。

2010 年获中央文明办、公安部举办的“全国文明交通宣传作品”评选优秀奖。
作者：翁宜汐

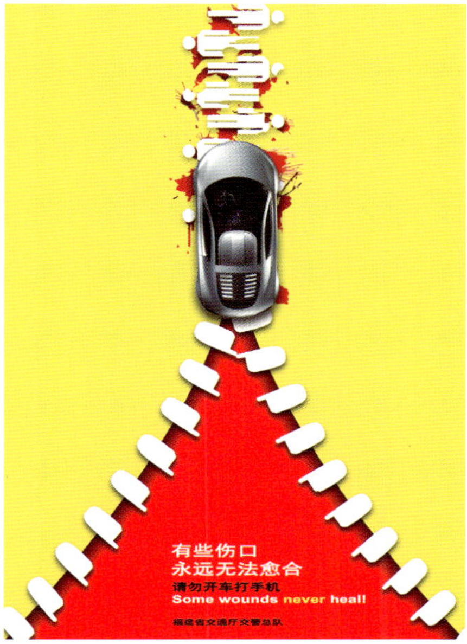
有些伤口
永远无法愈合
请勿开车打手机
Some wounds never heal!
福建省交通厅交警总队

关爱生命 文明出行
有些伤口
永远无法愈合
请勿开伤病车
Some wounds never heal!
福建省公安厅交警总队

YOUNG是世界的希望，
一切从这里开始
如蒲公英一般飘扬
深圳第26届世界大学生夏季运动会

作者：杨静

什麼如此吸引你？
什麼如此吸引你？
什麼如此吸引你？

作者：赵雯婧

"品"字主题的图形创意。作者：詹伟峰

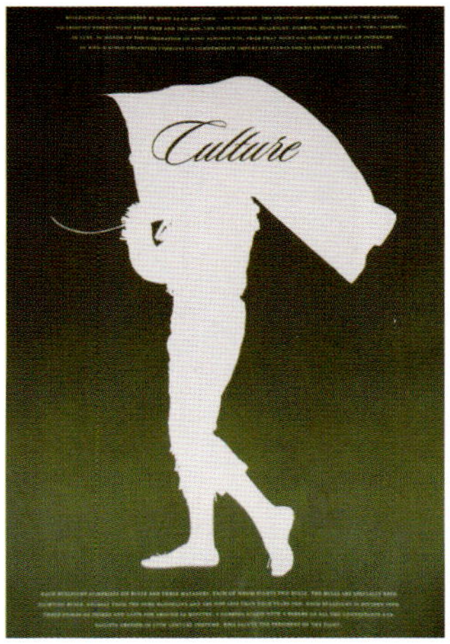

2. 主题的表现

确定后的主题思想，可能有几种不同的视觉图形表达方式。此时就要认真地比较、考察和验证，通过具体化的形象完善表述，从中选择最能体现主题思想与视觉形象间的有机组合，形成统一的图形语言。新的图形要有深层的主题内涵，能明确地表现主题思想，这样就达到主题设计的要求，具有完美结合的创意与图形表达。

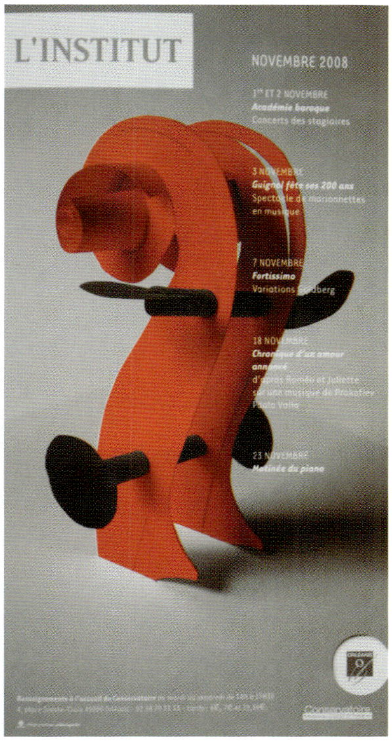

作者：赵清

Dynamics of U.S.–Korea Trade Relations
Economic, Political, Legal, and Cultural

MEET
EAST

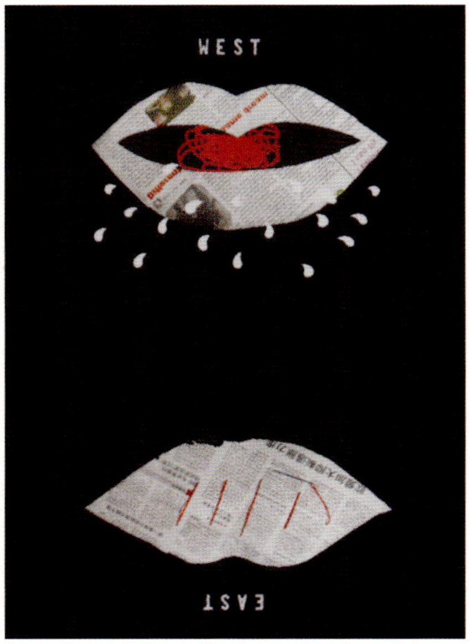
WEST

WEST MEETS EAST
EAST MEETS WEST

WEST MEETS EAST

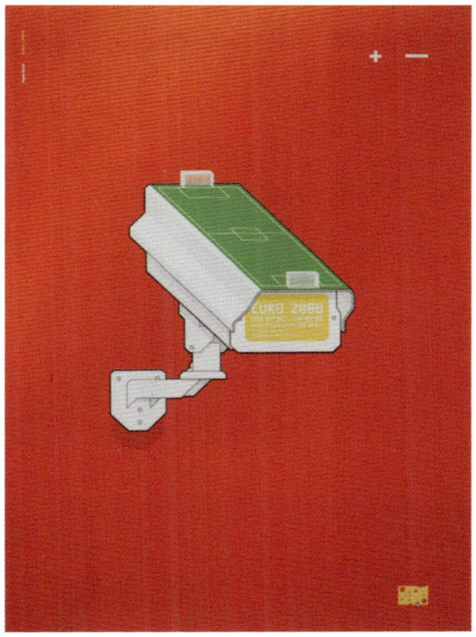
EURO 2008

后记

创意是设计师关注生活、体验生活、贴近生活诸多方面的综合素养的体现。好的图形必须具备两方面的内容：一是好的创意“点子”、“想法”。二是图形的表现形式——图形语言。

2004 年 6 月完成了《图形创意》一书，旨在通过教学，让学生体验创意理论及与之相关的丰富的内容与知识，解决了图形创意的核心部分——“创意”思维、方式和方法。光有创意，没有图形语言表现能力，图形显然大打折扣。

于是，几年来我们在努力构想如何在创意与图形表达之间架起桥梁。期间一直关注法国装饰艺术学院、中央美术学院、清华大学美术学院、中国美术学院、南京艺术学院、广州美术学院和同济大学设计学院的设计基础教学改革的探索，深受启发，试着制定图形课程教学计划，并用几年的教学实践，形成较为完善《图形语言》、《图形创意》等图形设计的教学体系。课程间的衔接得以顺畅，教学效果明显。

《图形语言》一书分为三大部分，即：第一章“自然形态分析与认识”，第二章“图形与形式的解析”和第三章“图形语言创意与表达”。各部分既相互独立，又具循序渐进的知识构架，源流清晰。教师在教学中，可独立教学，也可综合连续教学。书中的教学范例，只是说明教学环节内容，教师可举一反三，拓展教学思路。学生通过本课程规定的练习，可系统掌握图形创意所需的各种可能的表现，拓宽图形语言的表现域，有利于创意的活跃性，活学活用，达到目的。

本书编写过程中得到福建师范大学和福建美术出版社同仁的大力支持，我在此深表感谢，同时感谢福建师范大学美术学院 2009 级本科生和我的 2010 级研究生。是他们的共同努力，为该书增添了色彩。

翁炳峰

于榕城旗山景园

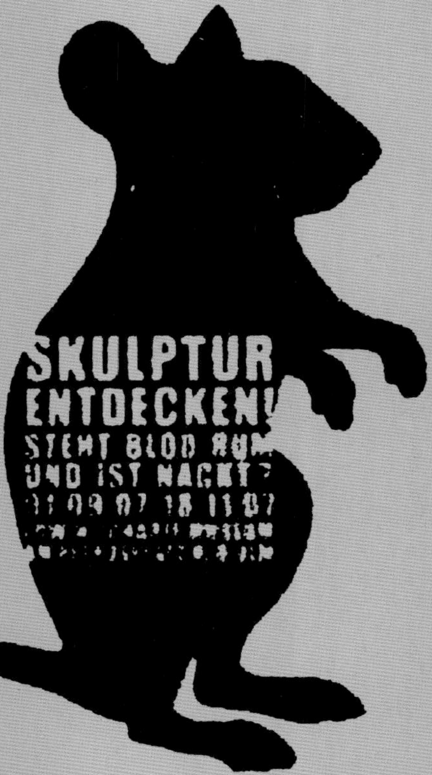
SKULPTUR
ENTDECKEN!
STEHT BLOD RUM
UND IST NACKT?

参考书目

1. 周至禹 . 形态与分析 . 黑龙江：黑龙江美术出版社，2006
2. 陈楠 . 设计思维与方法 . 湖北：湖北美术出版社，2009
3. 聂跃华 . 图案基础训练 . 北京：中国纺织出版社，2009
4.【韩】郑美京 . 图形语言与设计 . 上海：上海人民美术出版社，2009
5. 王雪青 【韩】郑美京 . 图形语言 . 上海：上海人民美术出版社，2005
6. 冯峰等 . 观念：认识与表达 . 广州：岭南美术出版社，2009
7. 阴佳等 . 创造与实践—艺术形态生成 . 北京：中国建筑工业出版社，2010
8. 曹芳 . 视觉传达设计 . 江苏：江苏美术出版社，2002